지리 교사들, 미국 서부를 가다

지리 교사들, 미국 서부를 가다

전국지리교사모임 지리누리 지음

푸른길

머리말
부끄러운 수업 시간

교사 생활 10년이 넘도록 해마다 가을이면 갈등에 빠졌다. 이 부끄러운 노릇을 그만두어야 하지 않을까?

꼭 가을이어야 할 이유는 없지만, 1학기에는 점심을 챙겨 먹기도 힘들 정도로 업무에 치여 생활하는 경우가 다반사이다 보니 사명감이니 스스로에 대한 점검이니 따위의 생각을 할 겨를이 없다. 2학기 중간고사가 끝나면 아이들도 선생도 한숨을 돌릴 여유가 생긴다. 그때마다 어김없이 '이런 실력으로 계속 교직 생활을 할 수 있을까' 하는 회의가 들었다.

지리는 어떤 과목보다 야외 수업이 많이 필요한 과목인데 모든 수업은 교실에서만 이루어졌다. 때로 교문 밖으로 수업 장소를 옮겨 보려는 의욕은 관리자의 간단한 거부에 사그라졌다. 학부모들 역시 입시가 중요한데 웬 야외 수업이냐는 분위기였다.

스스로에 대한 실망은 더욱 컸다. 지리 수업을 하기에는 너무나 세상을 돌아보지 못했다. 해외여행이 자유롭지 않은 시절에 공부를 했다고 애써 변명을 해도 세계 지리 수업 시간에 설명하는 각 지역들은 가 보지 못한 지역이 대부분이었다. 세상에 대한 갈증을 푸는 유일한 방법은 책을 통해서였다. 지리와 관련된 책이면 무조건 사고, 모으고, 보는 것으로 현장감을 전달하지 못하는 수업에 대한 죄책감을 해소하려 했다.

어느 날 친구가 전화를 했다. 1년 선배가 함께 교과 모임을 해 보자고 하는데 꼭 같이했으면 좋겠다고 했다. 미루어 두었던 숙제를 그제야 하는 기분으로 모임을 만들고 참여했다. 정기적으로 모여 교과 내용 중 미심쩍은 부분이나 이해가 잘 가지 않는 부분 등을 가지고 토론했다. 그래도 해결되지 않는 부분은 자문을 구했다. 우리의 근무지가 부산이어서 자연히 부산을 중심으로 한 경남 일대가 주요 답사 지역이 되었다. 답사할 때는 그 분야의 교수님을 모셔서 설명을 듣기도 했다. '대학 때도 이렇게 열심히 하지는 않았는데……' 하는 하소연을 늘어놓으며 비로소 지리 교사가 갖추어야 할 현장성을 갖추게 된 것 같아 뿌듯했다.

2004년 11월 말쯤 낙동강 삼각주 3차 답사를 마치고 나서였다. 몸도 녹이고 답사 후의 일정도 의논할 겸, 우리를 인솔한 교수님의 제의로 재첩국집에 앉아 그날의 답사에 대한 이야기가 한창일 때였다. 느닷없이 교수님이 말했다.

(아무렇지도 않은 표정으로) "김 선생, 미국 한번 가지 그래?"

(역시 심드렁하게) "그러죠 뭐."

이렇게 해서 우리의 미국행은 결정되었다.

처음에는 렌터카로 미국 서부를 일주한다는 계획을 세웠다. 하지만 구성원 대부분이 여자라서 체력이 달리는 데다 생소한 지역을 직접 운전하면서 정해진 일정을 소화하기에는 무리라고 판단했다. 결국 여행사를 통하여 사건을 일으키게 되었다.

규모가 크지 않은 답사였지만 준비 과정과 내용은 규모와 상관이 없다는 것을 절실하게 느꼈다. 나중에는 진이 빠져 이런 고생을 하면서 꼭 가야 할지 고민에 빠져들기도 했다. 다른 지리 모임에서 주최하는 답사에 편승하여 우리나라의 이곳저곳을 수월하게 답사할 수 있었던 것에 새삼 감사했다. 만약 다시 이런 기회를 아무렇지도 않게 만들어 답사를 떠나려고 덤빌 경우 제발 말려 달라고 주변 사람들에게 부탁하고 싶다.

꽤 오랜 시간을 투자하여 서울에 있는 여행사부터 부산의 여행사까지 두루 알아보고, 우리에게 유익한지 가치를 따지고, 비용을 계산하고, 여름 방학 보충 수업 날짜까지 조절했다. 그런 다음 인터넷과 책을 뒤져 우리가 가는 곳에 대한 사전 지식을 초록으로 엮어 냈다.

교수님도 수없이 괴롭혔다. 토요일 오후에는 지형학과 도시지리 강의를 들었다. 우리가 갈 지역에서 교환 교수를 한 교수님의 지인을 통해 일정이 가능한지, 주요 볼거리는 어떤지, 지리 교사로서 갈 만한 지역인지 수도 없이 확인했다. 교수님의 격려가 없었다면 우리는 조금은 망설였을지도 모르겠다. 어쨌든 우리는 떠났다. 다시 돌아오는 기쁨을 누리기 위해서.

답사 코스

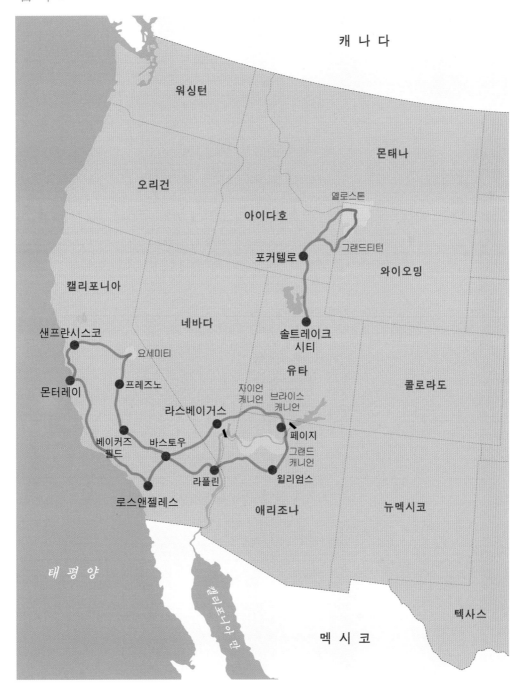

캐 나 다

워싱턴

몬태나

오리건

아이다호

엘로스톤

그랜드티턴

포커텔로

와이오밍

캘리포니아

네바다

솔트레이크
시티

샌프란시스코

요세미티

유타

콜로라도

몬터레이

프레즈노

자이언
캐니언

브라이스
캐니언

라스베이거스

페이지

베이커즈
필드

바스토우

그랜드
캐니언

라플린

윌리엄스

로스앤젤레스

애리조나

뉴멕시코

태 평 양

캘리포니아 만

멕 시 코

텍사스

여행,
돌아올 곳이 있어 좋다

■ 8월 1일 : 부산 → 오사카 → 로스앤젤레스

2005년 8월 1일, 반용부 교수님과 지리누리 팀원 10명이 미국으로 해외 답사를 떠났다. 억수같이 쏟아지는 빗속을 뚫고서 부산 김해국제공항에 도착한 일행은 다들 조금 들떠 있었다. 그도 그럴 것이 지리학을 전공하는 사람이라면 지형학 책에서 한 번쯤은 그 이름을 보았을 그랜드 캐니언, 모하비 사막, 옐로스톤, 요세미티 등지로 답사를 가는 것이었으니 말이다. 그러나 12시간의 비행과 경유지(오사카의 간사이공항)에서의 4시간의 대기로 총 16시간 만에 도착한 로스앤젤레스공항에서 일행들의 얼굴은 무척 피곤해 보였다. 로스앤젤레스 한인 타운에 있는 숙소에 도착한 시간은 오후 2시 30분경. 장시간의 비행으로 무척 피곤했지만 로스앤젤레스까지 와서 호텔 방에서 오후 시간을 보낼 수는 없었다. 유니버설 스튜디오, 도심, 할리우드 중 각자 원하는 곳으로 팀을 이루어 출발하였다.

미국을 향해

생전 올 것 같지 않던 비가 떠나는 날 아침 느닷없이 거세게 퍼부었다.

"하필 집 떠나는 날 비가 올게 뭐람." 구시렁거리며 김해공항에 도착해 일행을 찾아 좁은 공항을 헤집고 다녔다. 다들 긴장해서였는지 약속한 시간이 되기도 전인데 모두 나와 기다리고 있었다. 울산에서 택시가 잡히지 않아 부산까지 운전을 하고 온 사람도 있었다. 공항 주차장에 주차해 놓으면 2주간의 주차 요금을 물어야 했는데도 말이다.

출국 신고서를 작성하고 탑승권을 발급받고, 드디어 비행기에 올랐다. 부산에서 미국을 갈 때는 인천공항에서 출발하는 것보다 일본을 경유하는 것이 비용도 절약되고 더 편리하기 때문에 오사카의 간사이공항에서 일본 항공을 이용할 예정이었다. 아시아나 항공사의 파업으로 공항이 시끄러웠지만 그와는 상관없이 우리는 오전 11시 50분 정시에 부산을 출발했다.

비행기에서 내려다보는 땅은 언제나 아름다웠다. 구름 사이사이로 짙은 녹색의 산들과 그보다 약간 옅은 빛깔의 넓은 김해평야, 그 옆으로 낙동강이 굽이굽이 흐르고, 또 그 옆으로 부산시가 버티고 있었다. 그 옆으로는 끝도 없이 펼쳐진 바다!

기내 서비스를 두어 번쯤 받았나? 어느새 오사카에 도착한다는 안내 방송이 나왔다. 부산에서 일본에 오니 외국에 왔다기보다는 제주도 근처의 어느 곳에 온 것 같은 느낌이 들었다. 짐은 이미 로스앤젤레스로 부친 터라 간단한 소지품을 담은 배낭 하나씩만 챙겨 들고 간사이공항을 한 바퀴 둘러보았다.

간사이공항은 오사카 만의 인공섬에 건설된 공항으로 24시간 풀타임 운

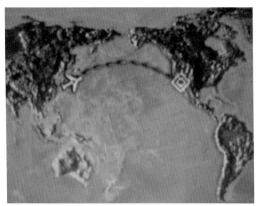

기내에서 모니터로 본 한국과 로스앤젤레스.　　　　날짜 변경선을 넘다.

영, 3500m 활주로 등으로 유명하다. 비행기에서 내려다보이는 간사이공항의 주변 해안선은 모두 직선이었다. 공항의 건설과 이용에 맞추어 바다를 매립하였기 때문일 것이다. 1994년에 세워졌으니 벌써 11년째를 맞는 공항이다. 처음 공항이 생겼을 때보다는 이용객 수가 줄고 화물 운반도 기대보다 부진하다고 한다. 시설도 사업을 하는 사람의 기대에는 못 미친다고 한다.

　아무리 그래도 좁은 김해공항에서 북적대며 도착한 우리에게는 한산하고 넓게만 느껴졌다. 시설도 더 없이 좋아 보였다. 공항 내에서 이동할 때는 윙셔틀(wing shuttle)을 이용하면 되었다. 그러나 너무 넓어서 그런지 조금 산만해 보였다. 공항 면세점을 이용하려고 했지만 탑승 대기실 앞에서 윙셔틀을 타고 나가야 하는 번거로움이 있었다. 지나치게 짜임새를 고려하다 동선을 늘리는 결과를 가져온 것이다.

　아침 일찍부터 서둘러서 피곤했는지 다들 공항의 긴 의자를 하나씩 차지하고 드러누웠다. 모두 기분 좋은 나른함에 빠져 있는데, 나이에 역행하여 반용부 교수님만 공항 여기저기를 둘러보며 사진을 찍고 있었다. 교수님의

비행기에서 내려다본 건기 때의 하천. 로스앤젤레스 북쪽에 있는 지역으로 지중해성 기후 지역의 여름철 특징을 엿볼 수 있다. *2005*

강의를 몇 번 들어 본 바라 긴장하지 않을 수 없었다. 꼼꼼하게 사진을 찍고 있는 걸 보며 머잖아 비행기 안에서 남의 눈치 보지 않고 당당하게 강의를 펼치는 교수님을 보게 될 것을 예상했어야 했다.

잠을 자도 어둡고, 깨어도 어둡고, 자고 깨어나도 마찬가지로 어두웠다. 그렇게 미국은 거리상으로 멀고 먼 나라였다. 열 몇 시간이 지나고서야 드디어 육지라는 것이 보였다. 비행기가 고도를 낮추는 것이 확연히 느껴졌다. 비행기는 로스앤젤레스를 향하여 남쪽으로 남쪽으로 내려가고 있는 것 같았다.

교과서에서만 보았던 건조 지형이 눈앞에 펼쳐졌다. 사하라와는 또 다른 건조 지형! 해안 산맥이 카메라에 잡혔고 산지와 평지가 만나는 부분에서 발달하고 있는 선상지도 보였다. 한국의 선상지는 선상지라고 판단하기엔

어딘가 석연찮은 모양이었는데 여기에서 보이는 선상지는 딱 부채를 펼쳐 놓은 모양이었다. 선상지가 이렇게 모식적으로 발달하고 있으리라고는 생각하지 못했다. 게다가 마침 건기라 산지를 곡류하는 하천은 건천이 되어 물길만 남기고 있었다.

다들 흥분한 것 같았다. 안쪽 좌석에 배정받은 사람은 사진을 찍기 위해 비행기의 꼬리 쪽으로 몰려갔다. 뒷좌석에서 마지막 업무를 보고 있던 승무원이 슬며시 자리를 피해 주었다. 그가 나간 자리에서 우리는 마음껏 카메라의 셔터를 눌렀다.

이방인들의 천국

드디어 비행기가 캘리포니아의 로스앤젤레스공항에 착륙했다. 캘리포니아는 미국의 여러 지역 중 우리에게 특히 익숙한 지역이다. 개인에 따라 친근함의 정도는 다르겠지만 보편적으로 우리는 캘리포니아를 가깝게 생각한다. 지리적으로 미국에서 우리나라와 가장 가까운 지역 중의 하나일 뿐 아니라 우리나라 교포들이 가장 많이 살고 있는 지역이기 때문일 것이다. 이 지역은 동부와는 달리 개발이 늦게 이루어져 백인 이외의 노동력이 필요했기 때문에 이민을 가기에 좋은 곳이었을 것이다.

미국 내에서도 캘리포니아는 꿈의 땅이다. 팍팍한 세상살이에 지친 사람들이 꿈꾸는 곳 혹은 도망치고 싶은 곳이다. 찌든 일상과 회색빛 하늘에 염증을 느낀 사람들은 너나없이 야자나무와 뜨거운 태양이 내리쬐는 캘리포니아를 꿈꾼다. 태평양에 면해 있는 수많은 휴양지는 평범한 일상에서 벗어나 새로운 세계를 열어 줄 것만 같은 마력을 지녔다. 왕가위 감독의 '중경삼

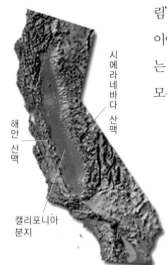

림'(1994)에서 캘리포니아는 희망으로 등장했다. 영화의 두 번째 이야기에서 시도 때도 없이 흘러나왔던 '캘리포니아 드림'이라는 노래처럼 이방인들에게 캘리포니아는 따뜻함과 희망일지도 모른다.

캘리포니아 주의 면적은 41만 1500km², 인구는 3548만 4453명(2003년)이다. 남북한 전체의 면적이 약 22만km²이니 한반도의 2배 정도 되는 면적이다. 북쪽은 오리건 주, 동쪽은 네바다·애리조나 주에 접하고, 남쪽은 멕시코와 국경을 이루며 서쪽은 태평양에 면한다.

남북의 길이가 1250km로 좁고 길며 북반의 중심은 샌프란시스코, 남반의 중심은 로스앤젤레스이다. 긴 해안선을 따라 발달하고 있는 1번 태평양 해안 도로는 누구나 꿈꾸는 여행 코스로 갖가지 해안 절경을 보여 준다. 해안에서 가까운 해안 산맥과 약간 내륙의 시에라네바다 산맥이 나란히 뻗어 있고, 그 사이에 캘리포니아 분지가 있다. 시에라네바다 산맥의 남쪽 끝에 있는 휘트니 산(4418m)은 알래스카를 제외한 미국의 최고봉으로 유명한 반면, 그 남동쪽에 있는 데스밸리는 미국에서 가장 해발 고도가 낮은 곳으로 해면보다 낮다.

기후는 북쪽의 서안 해양성, 남쪽의 지중해성, 산악 고지대의 고산, 남부의 스텝·사막 등 크게 4개의 기후구로 나뉜다. 태평양 연안 앞바다에는 캘리포니아 한류가 흐르기 때문에 해안 지역은 일 년 내내 기후가 쾌적하다. 하지만 북부는 비교적 저온이면서 안개가 많이 끼고, 내륙의 저지는 몹시 무덥고 건조하다.

캘리포니아는 영국이 아니라 에스파냐에 의해 개척되었다. 1542년 에스

시에라네바다 산맥

해안 산맥

캘리포니아 분지

캘리포니아의 지형.

파냐의 항해사 카브리요가 현재의 캘리포니아 만에 해당되는 해안을 항해하였다. 그 뒤 1769년 에스파냐 왕의 명에 따라 포르톨라가 선교사와 병사를 이끌고 와 본격적으로 식민지화하기 시작하였다. 1822년 멕시코가 에스파냐로부터 독립하면서 멕시코령이 되었다가, 1848년 멕시코 전쟁을 종결하는 과달루페 이달고 조약에 의해 미국 영토가 되었다. 비슷한 시기에 시에라네바다 산맥에서 금광이 발견되어 골드러시가 일어나면서 인구가 급증하여 1850년 31번째 주로 연방에 가맹하였다. 캘리포니아 주를 골든 스테이트라고 하는 이유도 여기에 있다.

캘리포니아에서는 이방인 같은 느낌을 갖지 않아도 된다. 앵글로 색슨 계열의 외모가 아니더라도 전혀 걱정할 필요가 없다. 에스파냐 땅을 거쳐 멕시코 땅이었다가 지금은 미국 땅이 된 덕분에 이 땅은 지금도 라틴 계열의 백인과 흑인, 아시아 인종이 뒤섞여 각각의 문화를 인정하면서 살아가고 있다. 캘리포니아를 좋아한다면 그 사람은 분명 이민자일 것이다. 그는 아마 이방인의 느낌을 주지 않는 캘리포니아의 속성을 좋아할 것이다. 그래서 캘리포니아는 개방적이다.

잠깐 타임머신을 탄 기분

부산에서 떠나올 때 오전 11시 50분이었던 시각이 로스앤젤레스에 도착해 보니 같은 날 낮 12시 50분을 가리키고 있었다. 출발 시각과 도착 시각이 비슷한, 그리하여 비행기를 타고 온 열 몇 시간과 간사이공항에서 대기했던 4시간 정도가 어디로 가 버린 듯한 시차를 온몸으로 느꼈다. '그래, 지

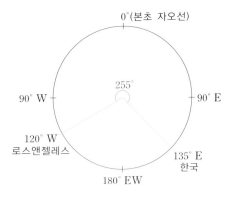

0°(본초 자오선)

255°

90° W

90° E

120° W
로스앤젤레스

135° E
한국

180° EW

우리나라와 로스앤젤레스의 경도상의 위치와 각도로 본 거리.

구는 둥글다. 지구는 자전한다, 24시간을 주기로.' 꼭 하루를 번 것 같은 뿌듯함은 미국에서 우리나라로 귀국할 때 갑자기 하루가 달아난 듯한 당혹감으로 바뀔 것이다.

어떤 지역의 표준시를 결정하는 경선을 표준 경선이라 하는데 우리나라는 동경 135°, 로스앤젤레스는 서경 120°를 표준 경선으로 삼고 있다. 지구를 고정시키고 태양이 지구 주위를 돈다고 가정하면(해가 떠오른다고 생각했을 때) 태양은 24시간 동안 360°를 도는 셈이므로, 15°마다 1시간의 차이가 난다. 동경 180°를 기준으로 하루가 시작되어 동쪽에서 서쪽으로 갈수록 시각이 늦어지는데 우리나라와 로스앤젤레스의 경도차는 255°이다. 따라서 우리나라가 로스앤젤레스보다 17시간 빠르다. 여름에는 유럽처럼 미국도 서머 타임제를 적용하기 때문에 우리나라와 로스앤젤레스의 시차가 16시간이다.

한편 국토 면적이 동서로 넓은 나라는 보통 표준 경선을 여러 개 사용하는데 미국이 그런 경우로 본토에만도 동부·중부·산악·태평양 등 4개의 시간대를 설치하고 있다. 그래서 같은 미국이라도 서부의 로스앤젤레스와 동부의 워싱턴 간에 시간차가 있다. 태평양 연안의 시애틀에서 대서양 연안의 뉴욕으로 이동할 경우에는 반드시 시각을 수정해야 한다.

9.11 테러 이후

기내에서 미리 입국 신고서와 세관 신고서를 작성했기 때문에 여권을 챙기고 빨리 공항을 빠져나가기만 바랐다. 미국의 입국 심사는 까다롭기로 유명하기에 되도록 수월한 심사관한테 심사를 받았으면 하는 마음이었다. 멀리서 줄어드는 줄을 보니 유달리 까다로운 심사관과 수월한 심사관이 한눈에 구분되었다. 너무 요행수를 바란 탓일까? '넥스트(Next)'를 외치는 심사관이 하필 우리 일행이 고약하다고 꼽은 심사관이었다.

 "안녕하세요?"(당연히 영어로)를 외치고 당당하게 여권과 입국 신고서와 세관 신고서를 내밀었다. 여기까지는 좋았는데 다음부터 그의 질문이 시작되었다. 기분이 어떠냐? 여행 목적이 무엇이냐? 얼마나 머물 것이냐? 귀국 항공권은 가지고 있느냐? 귀국 날짜는 확정되어 있느냐? 티켓을 보여 달라. 어디에서 머물 거냐? 호텔 이름은 무엇이냐? 호텔의 주소는? 등등.

 머릿속을 더듬으며 겨우겨우 대답을 하기는 했지만 머물 호텔이 어디에 있는지를 묻는 질문에는 대답을 할 수가 없었다. 호텔의 주소까지 기억해 두지는 않았기 때문이었다. 순간 이렇게까지 입국 심사를 까다롭게 해야 할 필요가 있을지 의심스러웠다. 선진국이 아닌 제3세계인으로서 느끼는 굴욕감도 잠시 들었으나 9.11 테러의 여파가 이렇게 큰가 보다 하며 애써 이해했다. 배낭을 뒤져 호텔 주소를 적어 놓은 답사 초록을 보고서야 그의 질문은 끝이 났고 입국 허가 도장이 찍혔다. 미국이라는 나라에 머물러 불법 체류할 사람으로 분류되지는 않은 모양이었다.

 평소에도 호감이 가는 나라는 아니었지만 공항에서의 짧은 에피소드는 미국에 대한 감정을 차갑게 만들었다. 숙제를 해 오지 않아 담임선생님에게 혼난 아이처럼 진땀을 흘리며 나오니 일행 모두가 걱정스러운 얼굴로 기다리고 있었다.

 마지막으로 세관 신고서를 내고 짐만 찾으면 끝이었다. 그런데 또 사건이 터졌다. 한 선생님의 적어 놓았던 신고서가 간 곳이 없어졌다. 우리는 이미

짐을 찾아서 공항을 빠져나온 뒤였기 때문에 다시 안으로 들어가 도와줄 수도 없었다. 입구에서 서성거리고 있으니 다들 공항을 빠져나가라고 했다. 공항 직원들의 구박(?)에도 불구하고 교수님이 안으로 들어가고자 했으나 역시 제지당했다. '지형의 교과서'를 보겠다고 지난 몇 달간 이리저리 뛰어다니며 애를 썼건만 미국은 우리를 반기는 데 아주 인색했다. 상대방은 쳐다보지도 않는데 목을 길게 뽑고 한 번쯤 바라봐 주기를 바라는, 연예인을 동경하는 여학생 같은 느낌이었다면 과장일까?

제법 시간이 흐르고 난 뒤 그 선생님이 나왔다. 분실한 입국 신고서를 다시 쓰는데 도무지 호텔 이름이 생각나지 않았다고 했다. 일행을 찾아도 이미 다 입국장을 빠져나가고 난 뒤였다. 생각을 짜내어 입국 신고서를 던지듯이 하고 나온 선생님도 호되게 신고식을 치른 듯한 표정이었다.

가 보지 않아도 익숙한 도시

로스앤젤레스라는 거대 도시에 발을 디뎠다. 이곳은 우리 교포들이 가장 많이 거주하는 도시로 한인 타운에는 현재 50만 이상의 교포가 거주하고 있다. 미국 제2의 도시이기도 하고 태평양의 관문이기도 한 도시. 우리에게는 미국의 영화나 드라마를 통해 너무나 익숙한 도시였다.

로스앤젤레스는 미국에서 뉴욕 다음의 대도시이며, 292개의 시(city)와 커뮤니티로 구성되어 있다. 주변 지역(LA County)의 인구까지 합하면 1200만 명, 면적은 약 1만 600km²를 헤아린다. 캘리포니아 주의 남부 해변을 따라 쭉 뻗어 있으며 시내 중심가로부터 80km까지도 시에 포함되는 광대한 지역이다.

하늘에서 내려다본 로스앤젤레스.

　로스앤젤레스라는 지명은 1781년 당시 44명의 이주민들이 정착하여 에스파냐 어로 '천사의 도시'란 이름의 작은 마을을 세우면서 비롯되었다. 초기에는 백인 이민자들과 부유한 멕시코 농장주들 사이의 이중 문화가 공존했다. 1846년 멕시코 전쟁 결과 미합중국의 영토로 편입되었고, 얼마 후에 일어난 캘리포니아의 골드러시와 대륙 횡단 철도의 완공으로 비약적으로 성장하였다.

　20세기 들어 동부로부터 넘어온 문명인 당시의 활동사진으로 로스앤젤레스는 또다시 성장의 발판을 마련했다. 일조량이 풍부하고 기후가 건조해

월	1	2	3	4	5	6	7	8	9	10	11	12
평균 기온(℃)	13.3	13.9	14.6	16.0	17.4	19.3	21.6	22.1	21.4	19.2	16.7	14.2

로스앤젤레스의 월평균 기온.

필름을 장시간 보관하기가 쉬울 뿐 아니라, 이 지역의 풍광은 그 자체만으로도 천혜의 스튜디오였기 때문이다. 제2차 세계 대전 후에는 항공 우주·전자 산업으로 비약적인 발전을 거듭했다.

로스앤젤레스는 이른바 건조한 지중해성 기후로 여름은 기온이 하루 중 35℃ 이상 되는 때도 있지만 습도가 낮아 비교적 쾌적하다. 제주도 북단 정도의 위도에 위치하지만 기온의 연교차가 작아, 겨울이 제주도보다 훨씬 따뜻하고 습기도 적다. 겨울철(11~3월)이 우기이긴 해도 많은 양의 비가 내리지는 않는다.

공항에서 빠져나오니 약간 서늘하고 건조하게 느껴졌다. 뿐만 아니라 그늘에 들어가면 반팔로는 추위를 느낄 정도였다. 우리나라는 전국에 가마솥 더위가 기승을 부리고 있을 때였는데……

기다리고 있던 여행사 직원과 만난 후 호텔로 이동했다. 30~40분 정도 밴을 타고 교포들이 많이 사는 한인 타운으로 접어들었다. 공항에서 한인 타운까지 오는 동안 공항 부근의 호텔들을 제외하고는 내내 높은 건물을 찾을 수가 없었다. 지진이 자주 발생하기 때문에 건물을 높게 짓기보다는 낮게 지을 것이고, 토지가 넓은 곳이니 내진 공법을 쓰면서까지 높은 건물을 지을 필요도 없을 것이다. 이런 곳에 살면 마음도 여유로워질 것 같았다.

한인 타운은 로스앤젤레스 도심의 서쪽에 인접해 있다. 윌셔가, 올림픽가, 웨스턴가, 버몬트가로 둘러싸인 사각지대가 한인 타운의 중심 지역이고 우리가 묵을 호텔도 그곳에 있었다. 한인 타운에서는 영어가 필요 없다는

버몬트가
Vermont Ave. 메트로 지하철

Calfornia International
Universty
신라뷔페

한인관광

코리아자동차
뉴서울호텔

윌그린	오리온자동차						나성플라자	Windsor Olympic Mall
	LA총영사관 외환은행			New Hampshire				
	Best Western Inn 카낙나이트	W i l S H I R E B L W D . 윌셔대로		Berendo	7 t h s t .		나라은행	한남체인
			Catalina	황태자			종로서적 Lama 골프	ITC
LA시민대학				Kenmore	8 t h s t .		KFC 한미노인회	
채프만 플라자	경안한의과대학 신정 함흥냉면, 친구			Alexendria Mariposa				김스전기
	Equltable Plaza		Central Plaza (BOA, CDC)	Normandie			올림픽골프 연습장	대원자동차
	Radisson Hotel		메트로 지하철 아시아나, 외환은행	Ardmore			청기와플라자 아주관광	조흥은행 삼호관광
LA Medical Center	라디오코리아		Paramont Plaza Wells Fargo Saehan Bank	Kingsley		J a m e s M . W o o d	김윤성자동차 외환은행	
KOA센터 가정상담소 한미박물관	미주한국방송KTE JJ그랜드 호텔		Wilshire Financial Tower 대우자동차	Havard				서독안경 PC, 만화방
US Post Office	월셔블러버드 Temple		한미은행	Hobart			학교	
	The Wilshire Colonnade (쌍둥이 빌딩)		아로마 월셔센터 (스타벅스)	Serrano		S a n M a r i n o		O l y m p i c b l v d . 올림픽대로
	Savon		Wilshire Park Place(변호사)	아씨슈퍼 Oxford	여왕봉		올림픽 자동차정비	MIDAS (자동차정비)
Western	메트로 지하철		Denny's Wiltern Theater	Sizzler	한인차량 등록국			코리아타운 갤러리아
	우래옥 하이트광장 후루사토		소셜시큐리티사무소 라마다호텔		양로보건 센터	한인회		BOA

로스앤젤레스 한인 타운 안내도.

말이 실감 났다. 가게의 간판에는 한결같이 한글이 큼직하게 써 있고 업종도 다양하여 없는 것이 없다는 게 맞는 말이었다. 미국 서부에 사는 교포의 50% 이상이 여기에 살고 있다니 그 규모를 대강은 짐작할 수 있었다.

그런데 간판들이 생경하게 느껴졌다. 휘황찬란한 네온사인에 익숙해 있는 우리에게 페인트칠만 되어 있는 이곳의 간판은 초라해 보였다. 나중에 라스베이거스에서 우리나라의 네온사인 제작 기술이 세계적이라는 것을 알고 한인 타운의 단순한 간판들이 이해가 갔다. 어쩌면 이곳의 간판은 네온사인이 필요 없는지도 몰랐다. 저녁 6시가 넘으면 대부분의 가게들이 문을 닫아 상가가 한산해지니 굳이 밤거리를 밝히는 네온사인이 필요할 것 같지 않았다. 밤이 되어야 상가가 활기를 띠는 우리나라와는 문화적으로 다른 양상을 보인다고 해야 할 것이다.

호텔에 도착하여 다음 날 일정에 대해 대강 설명을 들은 후 룸메이트끼리 로스앤젤레스 탐사에 나섰다.

영화 속으로

낯선 곳에 아는 사람이 있다는 것이 얼마나 다행스럽고 행복한 일인지! 시각이 이미 오후 3시를 넘긴 뒤였기 때문에 로스앤젤레스 시내를 다 돌아본다는 것은 무리였다. 더구나 교통편도 익숙하지 못한 곳을 돌아다니는 것이라 망설여졌으나 한 선생님의 친구가 로스앤젤레스에 살고 있어 그의 도움을 받아 할리우드 거리로 나섰다.

할리우드는 크게 할리우드 대로, 멜로즈가, 미러클 마일로 나눌 수 있는데 스타나 영화와 관련된 볼거리는 주로 할리우드 대로에 모여 있다. 멜로

헐리우드 대로 표지판.

즈가에는 젊은 감각의 개성이 넘치는 옷가게가 즐비하여 쇼핑을 하지 않더라도 구경 삼아 돌아다니기에 좋다. 옷값은 생각보다 비싸다고 한다. 또 패러마운트 영화사와 각종 박물관이 자리 잡고 있는데 조지 C. 페이지 박물관, 수공예 박물관, 로스앤젤레스 카운티 미술관, 피터슨 자동차 박물관 등 볼만한 것들이 많다.

　영화 '프리티 우먼'(1990)의 여주인공 비비안은 밤이면 이 거리로 나와 자신을 사 줄 사람을 찾았다. 온갖 범죄에 노출된 곳이지만 생계를 위해서는 어쩔 수 없이 밤에 돌아다녀야 하는 직업을 가진 그녀에게 이 도시의 밤은 필요하지만 두려운 대상이었으리라. 멜로즈가의 화려한 옷가게는 그녀에게 경제력과 신분을 자각시키기에 충분한 곳이었을 것이다. 거리에서 구경만 했지 절대로 가게 안으로 들어갈 수는 없는.

　할리우드 대로에 내려서자 낯선 땅에 왔음이 온몸으로 실감되었다. 그곳에는 우리와 같은 피부색을 한 사람도 드물었고, 우리와 같은 언어를 사용하는 사람은 더구나 없었다. 온전히 이방인으로 서 있었다.

할리우드 대로를 중심으로 약 5km에 이르는 명사의 거리에는 유명 영화 배우, 탤런트, 음악가 등 2000여 명의 스타들의 이름이 보도 위에 새겨져 있다. 이름을 빛낸 사람이 어느 분야에서 일한 사람인지 구분하여 카메라, TV, 레코드, 마이크, 마스크 등 다섯 가지로 표시하며 각각 영화, TV, 음악, 라디오, 라이브 공연 등을 상징한다. 만약 한 사람이 여러 분야에서 두각을 나타냈다면 상징 표시를 달리해서 여러 곳에 깔아 놓았다고 한다.

영화는 세상을 소개하기에 좋은 도구일 뿐만 아니라 세상을 바라보는 도구로서도 손색이 없다. 좁은 세상에서 영화는 세상에 대한 호기심을 만족시키기에 저렴하고 편리한 도구이다. 결론이 명확하고 특별한 철학이 들어 있지도 않아, 보면서 골머리를 앓지 않아도 되는 영화가 할리우드에서 많이 만들어졌다. 이 영화들은 대부분 우리나라에서도 흥행에 성공했다.

영화는 단순히 영화를 보는 선에서 끝나는 것이 아니고 그 영화에 등장하는 배우까지 사랑하게 만든다. 톰 크루즈에서 수잔 서랜든까지 기억에 남아 있는 할리우드 배우들이 많았다. 명사의 거리를 걸으며 바닥에 새겨져 있는 스타들의 이름을 확인하는 것은 어쩌면 당연한 일이었다. 아는 배우들의 이름을 찾으면 나도 모르게 고함을 지르며 흥분했다. 낯선 곳이라는 점도 묘하게 작용하여 감정이 시키는 대로 즐기게 되었다. 주변의 미국인들도 그들이 사랑하는 배우의 이름을 확인하면 나와 같은 행동을 했으니까 그리

명사의 거리에서.

창피하거나 부끄러운 일은 아니었다. 맨즈차이니즈 극장((Mann's Chinese Theatre) 앞까지 정신없이 걸어왔다.

스타들의 자취가 흠뻑 배어 있는 맨즈차이니즈 극장은 항상 최신 영화를 개봉하는 곳으로 유명하다. 이 극장은 이름에서 느껴지는 것처럼 외관도 내부도 모두 중국풍으로 꾸며 놓았다. 탑 모양을 한 중앙의 지붕, 녹색의 벽과 붉은색 문, 정면 차양 아래의 네온으로 만들어진 용 등이 사람들의 시선을 집중시켰다. 내부는 중국의 소품들로 장식되어 있고 화장실도 매우 호화스럽다고 한다. 약속한 시간 때문에 극장 안으로 들어가 최신 영화를 감상하지 못한 것이 못내 아쉽다.

맨즈차이니즈 극장 입구.

맨즈차이니즈 극장 주변은 명사의 거리에서도 사람들이 많이 모이는 장소이다. 극장 앞 광장에 스타들의 손도장과 발도장이 찍혀 있기 때문이다. 유명 배우들과 감독들이 그들의 손과 발을 기념으로 찍고 그 옆에 사인까지 한 기념판이 깔려 있다. 부산국제영화제에서 유명 배우들의 손을 석고로 본떠 금박을 입힌 다음 남포동 영화의 거리에 깔아 놓은 것이 이것을 본떠 만든 것이다.

너무 많은 사람들이 몰려 있어 스타들의 손도장과 발도장을 찾기는 정말로 쉽지 않았다. 간신히 스티븐 스필버그와 에디 머피의 자취를 찾을 수 있었다. 왜 톰 크루즈나 톰 행크스 같은 배우의 손도장은 쉽게 찾아지지 않는지 실망하지 않을 수가 없었다.

맨즈차이니즈 극장 앞 광장에 찍힌 스티븐 스필버그의 손도장.

 거리 곳곳에 스타들의 분장을 하고 사진을 찍은 다음 돈을 요구하는 사람
도 있었고, 만화 영화의 주인공 복장을 하고 돈을 내면 같이 사진을 찍어 주
는 상술도 보였다. 우리에게는 생소한 장면이었으나 미국인들은 예사로 여
기는 듯했다. 무엇이든 공짜는 없다는 것인지, 식당에서 돈 내고 밥을 먹어
도 팁이고 호텔에서 제값을 치르고 잠을 자도 팁을 주어야 하는 문화가 여
기서도 적용된 것인지. 아무튼 같이 사진을 찍는 것만으로도 돈이 되는 곳
이 미국이었다.

 할리우드앤하일랜드에서 한가함을 만끽하며 스타벅스 커피를 마셨다. 불
과 하루 만에 미국식 생활이 어색하지 않게 되었다.
 2001년 11월 문을 연 할리우드앤하일랜드는 총비용 5억 6700만 달러를
투입해 완성한 대규모 복합 쇼핑과 엔터테인먼트 센터이다. 입구에 들어서
면 하얗고 거대한 코끼리 상과 아치형 문이 있는데 이곳이 바빌론 광장이다.

할리우드앤하일랜드의 상징인 코끼리 상.　할리우드앤하일랜드의 바빌론 광장.

그 옆에 코닥 극장과 멀티플렉스 영화관이 있다. 코닥 극장에서는 2002년부터 아카데미 시상식이 열리고 있다. 이 밖에도 할리우드앤하일랜드에는 최고급 호텔과 다양한 레스토랑, 명품점 등의 편의 시설이 갖추어져 있다.

　전형적인 미국식 쇼핑몰인 할리우드앤하일랜드의 광장에서 미국 커피인 스타벅스 커피를 마신다는 것이 평소에는 전혀 그려지지 않는 모습이었는데, 로마에서는 로마의 법을 따르랬다고 어색할망정 미국의 일상을 즐겨 보았다. 그런데 언제나 느끼듯이 스타벅스 커피는 너무 진하고 양이 많았다. 이 나라 사람들은 덩치가 커서 아무리 진해도 소화해 낼 수 있는 걸까. 연하게 뽑아낸 원두커피, 아니면 차라리 설탕에 프림까지 듬뿍 넣은 다방 커피가 그리워졌다.

　멀리 할리우드 사인이 보였다. 할리우드를 상징하는 이 간판은 원래 할리우드랜드란 부동산 회사의 광고판이었는데 지금은 각 글자마다 스폰서를

할리우드 사인.

따로 두고 관리를 받을 정도로 최고의 대접을 받는다고 한다. 어릴 때부터 고생하여 이제는 스타가 된 할리우드 스타의 성장 과정을 보는 것만 같았다.

로스앤젤레스의 심장 속으로

　시간을 절약하기 위해 신속하게 도심으로 향했다. 낯선 지역에 왔을 때 그 지역이 도시일 경우 그곳의 속성을 가장 쉽게 파악할 수 있는 곳이 도심이다. 따라서 도심을 보지 않고는 로스앤젤레스를 이해할 수 없을 것이다.
　자료에는 시청사 27층에 있는 전망대가 로스앤젤레스 시내를 조망하기에 가장 좋은 장소라고 했다. 그러나 오렌지 카운티에 거주한다는 일행의 친구는 로스앤젤레스 시청에 와 본 적이 없다고 했다. 길을 가는 미국인에게 물어보아도 시청 건물이 어느 것인지 모른다고 했다. 모퉁이를 돌자 멀리 보이는 하얀색 건물이 책이나 인터넷에서 본 시청사 같았다.

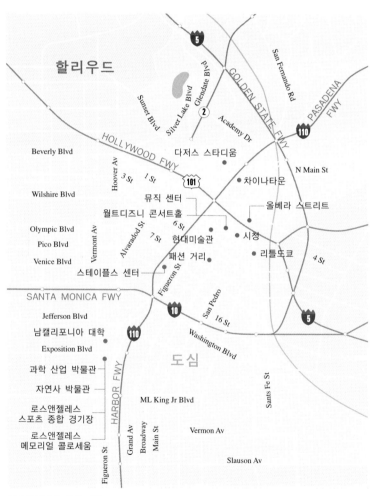

로스앤젤레스 도심 지도.

로스앤젤레스 도심. 주변 지역에 비해 건물의 고층화가 확연하게 드러난다. *2005*

시청사에 도착한 시각이 오후 5시 5분이었는데 전망대로 올라가는 엘리베이터는 5시까지만 운행한다고 했다. 사정을 이야기해도 소용이 없었다. 목까지 차 있던 흥분이 일순간 다리 아래로 쑥 빠지는 느낌이었다. 애써 달려왔는데 간발의 차이로 도시를 조망할 수 있는 기회를 놓치다니……. 도시의 경관은 도시 한가운데서 보아야 그 맛을 느낄 수가 있다. 높은 곳으로 올라가 위에서 조망하는 도시는 걸으면서 느끼는 도시와는 또 다른 느낌을 준다. 도시를 제대로 감상하기 위해서는 두 가지가 다 필요하다는 것이 평소의 생각이었는데 중요한 한 가지를 충족하지 못해 아쉬웠다.

대신 자동차로 도심을 돌아보기로 했다. 주변의 다른 지역과는 달리 도심답게 고층 건물이 즐비했다. 내진 공법이 발달되지 않았더라면 교과서에서 배운 대로 도심에서 주변 지역으로 갈수록 스카이라인이 낮아지는 경관을 로스앤젤레스에서는 기대할 수 없었을 것이다. 우리나라보다 건물 하나의

로스앤젤레스 도심. 건물이 직선적이고 가로망도 상당히 기능적이다. *2005*

규모가 크기는 해도 특별한 멋은 없었다. 밋밋한 육면체의 건물들이 제 기능을 자랑하듯 도심을 구성하고 있을 뿐이었다. 시청사만 나름의 품위를 유지하며 제자리를 지키고 있었다. 유럽의 고도(古都)에서 느낄 수 있는 고색창연함 대신 미국인 특유의 기능적인 면이 강조되어 있는 건물들로 채워져 있었다. 역사를 거론할 때 왜 미국이 기가 죽을 수밖에 없는지 이해가 갔다. 더구나 이곳은 미국에서도 동부가 아닌 서부이니 쥐 꼬리만 한 전통도 내세울 것이 없는 지역이다.

도시의 뒷골목

도심의 구석진 곳에서는 사람의 그림자를 찾기 어려웠다. 빌딩 숲에서 약간 벗어났을 뿐인데 통행 인구가 현저히 줄어들었다. 노숙자들만 있는 듯하였다. 한 여자 노숙자는 할인점에서 가져왔음직한 카트에 온갖 살림을 다 가지고 있었다. 미국의 대도시에서는 낮에도 사람이 없는 곳에서는 통행을 삼가라던 말이 생각났다. 도심에서 거리는 멀지 않으나 건물의 고도가 현저히 낮고 그 기능도 창고 기능이 많은 것 같았다. 도심의 고급 기능에 비해 저급 기능이 많고 건물의 노후 정도도 심해 보였다. 도시 지리학에서 말하는 점이 지대라고 할 수 있었다.

　문득 부산 도심을 답사했던 어느 겨울날이 생각났다. 그해 부산에서 기온이 가장 낮은 날이었다. 뼛속을 파고드는 듯한 겨울의 바닷바람을 맞으며, 체력 좋은 교수님을 만난 덕에 힘들다는 소리도 못하고 하루 종일 답사에 매달렸던 기억이 새롭다. 그날 영도에서 시작된 답사는 저녁 8시가 넘어서

로스앤젤레스의 노숙자. 도심에서 약간 벗어난 곳에서 본 모습이다.

끝이 났다. 오랫동안 부산에 살면서도 전혀 보지 못했던 거리를 그날 보았다. 부산에서도 땅값이 비싸기로 소문난, 도심 중에서도 핵심에 해당되는 곳에서 불과 몇 십m 떨어지지 않은 곳에 완벽한 슬럼(빈민 지대)이 있었다.

옛 미화당백화점의 바로 뒷골목, 백화점으로 각종 제품들이 드나드는 길의 바로 뒤쪽에 허름한 판자촌이 자리하고 있었다. 용두산 공원으로 토지 이용이 제약을 받아 성장이 이루어질 수 없는 한계를 지녔다고는 해도 건물의 노후 정도나 골목길의 허름한 정도가 도저히 도심 속이라고는 볼 수 없었다. 시멘트를 거칠게 발라 놓아 울퉁불퉁한 골목길, 한 사람이 들어가기에도 빠듯한 출입문, 땅 모양대로 얼기설기 얹어 놓은 바람만 면한 집들. 한눈에도 가난의 그림자가 느껴지던 그 골목길에는 '고갈비길'이라는 희한한 이름이 붙어 있었다. 그날 답사에 참가했던 사람들은 다들 충격을 감추지 못하고 한동안 아무 말 없이 남포동 거리를 걷기만 했다.

이렇듯 도시는 교과서에서 설명하는 대로의 경관만을 나타내지는 않는다. 로스앤젤레스처럼 거대한 도시도 도심의 어느 한 귀퉁이에 빈민 지대가 나타날 수 있고, 건물의 스카이라인이 부산에 비해 낮을 수 있다. 부산처럼 큰 도시도 도심이라 해서 토지 이용이 다 집약적으로 나타나는 것은 아니다. 아무리 땅값이 비싼 지역이라도 다른 사회적·경제적 조건이 충족되지 않으면 토지 이용의 집약도가 낮게 나타날 수도 있다. 혹시 기회가 된다면 남포동의 옛 미화당백화점 뒤 고갈비길이라는 곳을 한번 가 보기를 바란다. 도시의 화려한 면에 감추어져 있는 뒷면의 모습을 볼 수 있을 것이다.

호텔로 돌아오는 길에 한인 상점에서 저녁에 먹을 거리와 다음 날 아침을 위한 간단한 식사까지 잔뜩 사 왔다. 한국인지 미국인지 구분이 가지 않을 정도로, 밥은 기본이었고 김치도 생생한 것으로 살 수 있었으며 호박죽까지 있었다. 다 먹을 수가 없어서 많이 사지는 않았지만 한국보다 금방 만든 식

로스앤젤레스 한인 타운 내의 간판들. 한국에서 익히 본 상표나 상호에다 모두 한글로 되어 있다.

품의 종류가 더 많아 보였다. 밥도 맨쌀밥에 찰밥, 잡곡밥 등 종류가 다양
했고, 김치도 그 자리에서 직접 담그고 있었다. 한국에서 가져와 애지중지
했던 고추장도 잔뜩 진열되어 있었다. 한인 타운은 또 다른 서울이었다.

　밤 10시경 토론에 들어갔다. 비행기에서 내려다본 건조 지형에 대한 설명
부터 시작되었다. 교수님의 주도로 이루어진 이 설명은 한 시간 넘게 이어
졌다. 다음으로 각자 로스앤젤레스를 답사하며 찍은 사진을 노트북에 연결
해 보면서 지역에 대한 느낌과 생각을 주고받았다. 다들 자유롭게 시내를
돌아다녔기 때문에 자기가 가 보지 못한 곳에 대한 호기심으로 분위기는 무
르익었다. 부러움과 찬탄이 이어지면서 새로운 지역이 나올 때마다 질문이
꼬리를 물었다. 어느새 시곗바늘은 새벽 1시를 훌쩍 넘겼고 우리의 첫 답사
는 열기에서 시작되어 조용한 분위기로 마감되었다.

로스앤젤레스

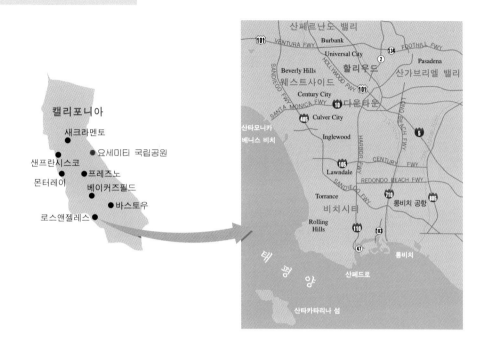

[위치]   캘리포니아 주 남부 해변에 위치

[면적]   1200km², 시내 중심으로부터 80km의 범위

[인구]   370만 명(미국 전체에서 2위)

[역사]   • 1769년 에스파냐의 탐험가 포르톨라에 의해 발견된 이후 백인 이민자와 부유한 멕시
코 농장주들 사이의 이중 문화 공유
　　　　• 1846년 멕시코 전쟁 결과 캘리포니아가 미합중국의 영토로 편입
　　　　• 캘리포니아의 골드러시와 1869년 새크라멘토와 동부를 잇는 대륙 횡단 철도의 완공
으로 비약적으로 발전

[기후]   아열대성 기후

[산업]   • 미국에서 제일가는 공업 지대의 중심
　　　　• 주종 산업은 항공기 · 통신기 · 컴퓨터 · 자동차 · 영화 등

[문화]   • 에스파냐계, 흑인, 동양계 등 인종이 다양하여 끊임없이 인종 문제 발생
　　　　• 캘리포니아 문화 · 예술의 중심 도시로 캘리포니아 주립 대학 로스앤젤레스 캠퍼스를
비롯하여 약 10개의 주요 대학과 역사 박물관 · 미술관 등이 있음

사막을 향하여

■ 8월 2일 : 로스앤젤레스 → 바스토우 → 라플린

로스앤젤레스에서 하룻밤을 보내고 4박 5일 동안 3대 캐니언, 요세미티, 샌프란시스코 등을 함께 여행할 팀과 합류하였다. 총인원은 50여 명. 처음 미국 답사를 계획했을 때는 차를 빌려 직접 운전을 해서 돌아다닐 생각이었으나 여러 가지 사정으로 어려울 듯하여 우리가 원하는 코스와 비슷한 현지 관광 패키지 2개를 묶어 신청하였다. 어쩔 수 없는 선택이었지만 아쉬움이 컸다. 이날의 주 일정은 다음 날 그랜드 캐니언에 가기 위해 라플린이란 도시로 이동하는 것이었다. 도중에 바스토우라는 도시를 거쳐 서부 개척 시대에 개발된 은광촌 캘리코에 들렀다. 캘리코는 은의 가격이 하락하고 수요가 감소되면서 폐광촌이 된 이후 서부 개척 시대의 흔적들만 남아 지금은 유령 도시로 불리는 곳이다. 한때는 은광을 찾는 이들로 북적이던 곳이 지금은 관광객들로 북적이고 있었다.

이제 시작이다!

날씨가 흐렸다. 아침은 한국에서 가지고 간 컵라면과 전날 저녁에 먹다 남겨 둔 캘리포니아산 쌀밥이었다. 한인 타운에 있는 '아씨'라는 마트에서는 쌀밥과 나물 반찬에 심지어는 찰밥까지 1회용으로 담아서 팔았다. 캘리포니아산 칼로스 쌀로 지은 밥은 우리나라 쌀밥과 맛이 거의 비슷했다. 2005년 9월 시판되던 초기에는 별 반응이 없었던 수입쌀의 판매량이 현재 계속 늘고 있는 이유가 우리나라 쌀보다 가격이 저렴하다는 것만은 아니다.

오전 8시 35분쯤 한인 타운에 있는 가든스위트 호텔을 출발하여 8시 53분 집결지에 도착하였다. 이렇게 많은 사람들이 동일한 코스로 동일한 날짜에 여행을 다니나 싶을 정도로 많은 차들이 대기하고 있었다. 우리가 배정받은 차는 56인승의 대형 버스로 한 대 값이 470만 달러나 한다고 했다. 차 뒤쪽에는 화장실도 있었다. 독일의 벤츠사에서 만든 버스로 보기에도 단단해 안전하겠다는 생각이 들었다. 아니나 다를까 여행하는 동안 계속 버스를 타고 다녔어도 일행 중 누구도 멀미로 고생을 하지 않았다.

그런데 버스에 안전벨트가 없었다. 미국에서는 1995년경 안전벨트를 없앴는데, 그 이유는 고속도로에서 버스 사고가 났을 때 통계적으로 안전벨트를 했을 때 부상 정도가 더 심했기 때문이라고 했다.

오전 9시 22분. 드디어 여행이 본격적으로 시작되었다. 5박 6일 동안 우리가 이동할 총거리는 약 4320km였다. 아침부터 자욱하던 로스앤젤레스의 지독한 안개도 서서히 걷혔다. '안개가 낀 걸 보면 오늘 날씨도 무척 맑겠지? 맑다 못해 무지 더울 것이다. 지금까지는 로스앤젤레스의 좋은 기후에서 생활했지만 오늘은 말로만 듣던 사막을 횡단하니까. 미리 마음의 각오를 다지고 출발하는 거다.'

가이드가 세세하게 일정을 소개해 주었다. 그는 우리가 돌아볼 미국 서부의 3대 캐니언 중에서 남성적인 자이언 캐니언을 가장 좋아한다며, 각각의 캐니언이 주는 경관을 비교하는 것도 재미있을 거라고 조언했다. 역시 여행의 꽃은 가이드라고 현지에서 경험하며 쌓은 다양한 미국 이야기들을 답사 기간 내내 재미있게 들려주었다. 덕분에 우리는 버스 안에서 지루하지 않게 많은 정보를 얻을 수 있었다. 더불어 미국이라는 나라의 다른 면도 알게 되었고 우리나라 사람들이 이 땅에서 얼마나 열심히 생활하는지도 조금은 알게 되었다.

10번 고속도로로 들어서기 전에 '한남 체인'이라는 곳에 들렀는데 입구에 미국 교포들이 이용하는 전화번호부(KOREAN YELLOWPAGE)가 놓여 있었다. 표지를 넘겨 보니 한글과 영어가 나란히 적혀 있었다. 미국 땅에서 한글로 된 전화번호부를 보니 신기하기도 했거니와 교포들의 힘을 보는 것

대형 마트 한남 체인.

교포들이 이용하는 전화번호부. *2006*

같아 마음도 뿌듯했다. 한남 체인은 본격적인 여행이 시작되기 전에 기본적인 먹을거리를 사기에 아주 적합한 곳이다. 그곳에서는 한국의 대형 마트를 방불케 하는 다양한 상품들을 저렴한 가격에 팔고 있었다.

미국에는 우리나라처럼 거리 곳곳에 상가가 들어서 있지 않다. 땅덩어리가 커서인지 도심에서 조금만 주변 지역으로 가도 필요로 하는 것을 구입하려면 자동차를 이용해야 할 정도로 거리가 멀다. 더구나 서부 내륙 지방은 사막이라서 이런 경향이 더욱 두드러지게 나타난다. 그러므로 물을 비롯한 생필품을 적당하게 구입해 놓지 않으면 낭패를 볼 수가 있다. 그런 의미에서 이런 곳에 대규모의 마켓이 있다는 게 당연한지도 모르겠다.

우리는 그곳에서 6일 동안 마셔야 할 물을 한 묶음 사고 버스 안에서 간단하게 즐길 만한 간식을 샀다. 혹시 몰라서 기본 의약품도 챙기고 교수님을 위한 특별 간식도 마련했다.

미국인, 미국의 도로

미국에서도 우리나라와 같이 남북으로 뚫린 도로에는 홀수 번호를, 동서로 뚫린 도로에는 짝수 번호를 붙인다. 그리고 번호가 세 자리 숫자인 도로는 순환 도로, 5로 끝나는 도로는 대륙 종단 도로, 0으로 끝나는 도로는 대륙 횡단 도로를 의미한다.

우리나라의 고속도로에 해당하는 주간 고속도로(Interstate Highway)는 주(州)를 넘나드는 고속도로로 영어의 대문자 I를 앞에 두고(I를 생략하기도 한다) 뒤에 숫자로 표시한다. 도로 표지는 파랑 바탕에 흰 글씨로 되어 있고, 위쪽은 빨강 바탕에 흰 글씨로 Interstate라고 써 있다. 중서부 지역의 고속도로는 통행료가 없는 프리웨이다. 2004년 말 현재 총길이가 6만 8320km에 달한다고 하니 어마어마한 거리다.

미국의 대동맥이라고 할 수 있는 주간 고속도로는 애초에 미국 대륙 전체를 외부의 적으로부터 효과적으로 방어하기 위해 건설되었다. 그러나 결과적으로는 이 도로가 완성되면서 도심과 교외의 연결은 물론 원거리 도시에까지 인적·물적 유통이 원활하게 이루어져 미국 전역이 고르게 발전할 수 있는 기틀이 마련되었다.

우리나라의 국도에 해당하는 US 도로는 주간 고속도로 다음으로 미국 전역에 걸쳐 도시와 도시를 연결해 주는 도로이다. 일반적으로 주간 고속도로보다 아기자기한 주변 볼거리가 많기 때문에 자동차 여행에 재미를 주는 도로이다. 우리나라에서도 고속도로를 이용해 여행하는 것보다는 국도를 이용해 여행하는 것이 볼거리가 훨씬 풍부한 편이다. 도로 표지는 흰 바탕에 검은색 숫자로 되어 있다.

우리나라의 지방도에 해당하는 주 도로는 각 주에서 관리 운영하며, 일반

주간 고속도로. 왼쪽에 도로 표지판이 보인다. (작은 사진은 도로 표지.)   US 도로 표지판.

적으로 그 주의 이미지를 상징화해 표시한다. 예를 들어 워싱턴 주의 이미지는 미국 초대 대통령인 조지 워싱턴이며, 주 도로의 도로 표지에는 조지 워싱턴 머리 모양의 그림 가운데에 도로 숫자가 표시되어 있다. 캘리포니아 주는 녹색 바탕에 하얀색으로 'CALIFORNIA' 와 '번호' 를 표시한다. 동서 혹은 남북에 따라 짝수 홀수 원칙은 없으며 각 번호마다 별칭이 있다. 예를 들면 1번은 퍼시픽 코스트 하이웨이, 118번은 로널드 레이건 프리웨이 등이다.

　미국은 자동차 통행량의 70% 이상이 고속도로에서 처리될 정도로 고속도로가 생활에 상당히 중요한 역할을 한다. 국토가 넓은 만큼 장거리 이동이 많을 것이고, 이는 곧 고속도로의 이용으로 연결된다는 뜻이다.

　가이드가 한국과 미국이 서로 반대되는 사례를 몇 가지 들어 주었다. 그

중 첫째가 한국에서는 좌측통행을 하는데 미국에서는 우측통행이 예의라는 점이다. 그래서 호텔 복도를 지나갈 때 한국인과 미국인이 부딪히는 경우가 많다. 실제로 공원이나 거리에서 길을 걷다가 미국인과 부딪칠 뻔한 적이 많았는데 그게 다 생활습관이 달라서였다. 그리고 미국인들은 개인주의적 사고방식과 습관이 몸에 배어서 그런지 다른 사람과 신체적으로 접촉하거나 부딪히는 것을 굉장히 싫어하는 것 같았다. 조금만 스치거나 불편을 주면 서로 'sorry'를 외쳤다. 왜 그리 미안한 것이 많은지, 정말로 미안한 것인지. 우리 정서로는 일부러 부딪친 것이 아닌 이상 슬쩍 웃어 주고 지나가도 뭐라 하지 않을 텐데…….

둘째, 우리나라는 번화가 가까이 있어야 집값이 비싸지만 미국은 간선 도로에서 벗어난 산꼭대기에 있는 집의 값이 비싸다고 한다. 꼭대기에 있는 집이 그만큼 전망이 좋기 때문이다. 자동차 문화의 발달로 이동이 자유로워졌기에 가능한 일일 것이다. 우리나라도 자동차 대수가 현재보다 많이 늘어난다면 이런 현상이 나타날 것도 같다. 부산만 해도 이제까지 아파트 가격이 비쌌던 곳은 도심 근처의 교통이 편리한 곳이었는데 점차 주변의 전망이 괜찮은 곳의 아파트 가격이 상승하고 있다. 부산 특유의 경관인 바다를 끼고 있는 아파트는 다른 곳에 비해 상당히 비싼 편이나. 과거 교통 중심의 아파트에서 현재는 경관 중심의 아파트로 변화되는 추세이다.

셋째, 미국인들은 어렸을 때부터 남에게 눈물을 보이는 것은 수치스러운 일이라고 교육시킨다. 장례식에서도 선글라스나 베일로 눈물을 감춘다. 장례식 때 얼마나 슬피 우느냐가 효심의 잣대가 된 시절도 있었을 정도로 눈물에 솔직하고 관대한 우리와는 비교되는 정서다.

철도 교통의 중간 기착지 바스토우

　모두들 몸이 비비 틀려 그만 자리에서 일어나고 싶을 만큼 지루해졌을 무렵 대륙 횡단 철도의 중간 기착지인 바스토우에 도착했다. 바스토우는 로스앤젤레스에서 약 208km, 2시간 거리에 있다. 산타페 철도 회사의 본부가 있는 곳으로, 이 회사의 10대 회장인 윌리엄 바스토우의 이름을 따서 도시 이름을 지은 것이다. 산타페 철도 회사가 이 지역에서 얼마나 막강한 영향력을 행사하고 있는지를 알 수 있는 예이다.

　이곳으로 오는 내내 감탄스러웠던 것은 대륙 횡단 철도를 달리는 열차의 길이였다. 한 량, 두 량 세다 끝이 보이질 않아 계속 셀 수가 없었다. 백 량은 족히 되겠다는 것이 사람들의 결론이었다. 그만큼 미국 내의 물자 이동은 기차에 많이 의존한다고 볼 수 있다. 자동차로는 사람, 열차로는 화물을 이동하는 식으로 확실히 이원화되어 있는 셈이다.

　오전 8시 35분 한인 타운에서 모여 인원 점검을 하고 외곽의 한남 체인에서 잠깐 생필품을 사기 위해 지체한 시간을 빼면 특별히 낭비한 시간은 없었다. 이론상 2시간이지 많은 인원이 움직이는 경우 시간은 지체되게 마련이다. 12시경에 바스토우에 도착했으니 오전 시간은 전부 이동에 할애해 버린 셈이었다. 이곳의 시즐러 식당에 점심이 예약되어 있었다.

　체력은 국력이라고 낯선 땅에서 갑자기 체력이 떨어져 병이라도 덜컥 나면 본인은 그렇다 치더라도 주변 사람들에게 여간 미안한 일이 아닐 것이었다. 더구나 미국은 보험이 적용되지 않을 경우 진료비가 엄청나게 비싸다는 말을 익히 들은 터였다. 그러므로 집에 돌아갈 때까지 무조건 튼튼해야 할 의무가 있었다. 다행히 뷔페라 원하는 것을 골라 먹을 수 있었다. 싱싱한 야채와 열대 과일들도 실컷 맛볼 수 있었다.

모하비 사막을 관통하는 15번 고속도로.

시간을 거슬러

다시 끝도 없는 사막을 지났다. 이날 일정은 15번 고속도로를 타고 사막을 통과해서 라플린에 도착하는 것이었다. 하지만 일정이 너무 지루해서 오후에는 4일째에 예정되어 있던 캘리코 은광촌에 들르게 되었다. 관광버스 앞 유리의 위쪽에 있는 전광판을 보니 바깥 온도가 100°F(약 38℃)를 나타내고 있었다. 버스에서 내리니 그 열기가 온몸으로 전달돼 숨이 턱 막혔다. 일찍이 우리나라에서 경험하지 못했던 기온이었다. 말로만 듣던 사막의 더위를 확실히 실감했다.

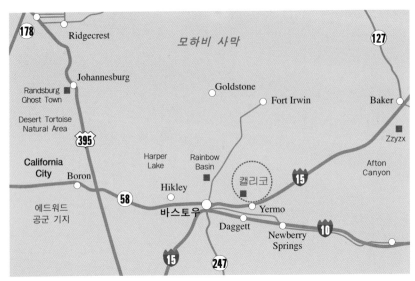

캘리코 유령 도시 주변 지도.

캘리코 은광촌은 서부 개척 시대의 은광촌을 체험할 수 있는 유적지로서 1년에 50만 명 이상의 관광객이 찾아온다. 로스앤젤레스로부터 233km(2시간 30분), 라스베이거스로부터 233km(2시간 30분), 샌디에이고로부터 285km(3시간 45분), 샌프란시스코로부터 707km(9시간 25분), 그랜드 캐니언으로부터 590km(6시간 15분) 거리에 있다. 특히 그랜드 캐니언을 가는 길목에 위치하고 있어 지루한 사막 여행길에 꼭 들르는 관광 명소이기도 하다.

사막뿐인 이곳으로 사람들을 끌어들이는 미국인의 상술이 놀라웠다. 상주하는 사람은 없어도 수시로 찾아오는 관광객들 덕분에 그 옛날 이곳에서 은을 캐다 안타깝게 스러져 간 이름 모를 중국인들의 넋이 조금은 위로가 되었으면 하는 마음이었다. 금방이라도 귀신이 나올 것 같은 스산한 곳이 아니어서 다행이었지만 밝다 못해 따가운 햇볕을 받으며 유령 도시로 오르는 발걸음이 유쾌하지만은 않았다. 고단한 광부들의 삶의 자취가 느껴져서였을까.

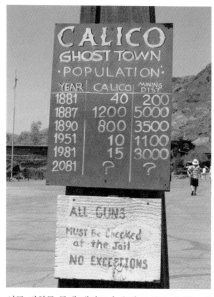

1881년에 형성된 캘리코 은광촌은 초기에는 작은 마을이었으나 연간 1000만 달러 이상의 은이 쏟아져 나오면서 빠른 시간에 캘리포니아에서 가장 부유한 마을 가운데 하나로 성장했다. 마을의 규모가 인구 1200명을 헤아리는 수준으로 늘어났으며 이와 함께 술집만도 22군데에 달했다. 광산촌의 일반적 특성처럼 이곳에도 차이나타운이나 홍등가 등 유흥 지구가 생겨나기도 했다.

그러나 1890년 중반 은 가격이 폭락하면서 인구의 유출이 급격하게 나타났고, 그 결과 캘리코는

인구 변화를 통해 캘리코가 유령 도시로 변하는 과정을 보여 주는 표지판.

타운으로서의 기능을 상실하고 폐광촌이란 의미를 지니고 있는 유령 도시(ghost town)가 되어 버렸다. 이런 경로를 겪은 유령 도시는 남캘리포니아에만 60여 군데이고 뉴멕시코·애리조나·유타 등의 서부 일대를 포함하면 1천 군데가 넘는다.

캘리코가 유령 도시인 또 한 가지 이유가 있다. 골든게이트교 건설 때도 그랬지만 많은 중국인 노동자들이 이곳에서 노예처럼 은을 캐는 데 혹사당했고, 더운 날씨와 열악한 환경으로 그중 많은 사람이 사망하였다. 그들의 공동묘지가 마을 입구의 왼쪽 장화 언덕(Boot Hill)에 세워져 있는데, 밤이면 이곳에서 귀신들의 흐느낌이 들린다고 하여 더욱 유령의 마을로 유명해졌다. 오늘날에는 많은 중국인 관광객들이 들러서 조상을 참배하는 장소가 되었다.

캘리코 은광촌의 여러 모습들.

　　폐광촌이었던 캘리코를 사들여 오늘날의 모습으로 건설한 사람은 로스앤젤레스의 테마 공원 나츠베리팜(Knott's Berry Farm)을 세운 월터 나트(Walter Knott)이다. 그는 폐광되기 전에 찍은 사진을 기초로 캘리코 은광촌을 복구하여 1966년 샌버나디노 카운티에 기증하였다. 이에 따라 캘리코는 카운티 리저널 파크로 다시 태어나 다른 유령 도시와 달리 한국의 민속촌처럼 관광지로서 일반인들에게 공개되고 있다

　　현재 이곳에는 당시 모습의 상점 건물 23채가 있는데 이중 릴즈 살롱(Lil's

Saloon), 레인즈 잡화점(Lane's General Store) 등 6군데는 원형 그대로이다. 마을 언덕에 자리 잡고 있는 학교는 옛터에 원형을 그대로 본떠 만들었으며, 이 밖에 옛 공동묘지 터, 은광 갱로, 움집 등 은광촌 당시의 모습을 찾아볼 수 있다. 마을 오른쪽 언덕 밑에 실제 은을 캐던 갱도가 있어 1달러를 내면 들어가서 한 바퀴 돌고 나올 수 있다. 그 안에는 은을 캐던 모습과 생활하던 모습의 모형들이 전시되어 있다. 갱 밖은 사막의 더운 날씨지만 안에 들어가면 지하의 서늘함이 느껴진다. 중심가의 북쪽으로 캘리코 레스토랑을 지나면 언덕 위에 'CALICO' 라는 글자가 보인다. 이 글자는 멀리 도로에서도 보여 이곳을 찾는 이정표가 된다. 언덕 위의 흙 색깔은 초록색을 띠는데 이는 은이 산화하여 나타내는 색이다.

폐광촌 일대에는 미국 서부 지역의 신생대 지형 형성 작용(단층, 습곡)을 알 수 있는 지층이 펼쳐져 있었다. 지층을 구성하는 암석은 화산암 종류로 이 일대에서 흔하게 볼 수 있는 암석이었다. 오래지 않은 과거에 화산 활동이 있었음을 의미하는 것일 게다.

우리나라는 워낙 오래된 지질 구조여서 화산암의 관찰이 쉽지 않다. 특히 우리나라의 화산 활동은 신생대에만 있었던 것으로 흔히들 알고 있어 현무암을 비롯한 화산암은 제주도나 울릉도, 백두산 주변 지역에서만 관찰할 수 있다고 생각한다. 그러나 중생대에도 우리나라에서 화산 활동이 있었으며, 이 중생대 백악기의 화산암을 부산 일대에서도 관찰할 수 있다. 물론 정신을 집중하고 의미를 가지고 경관을 대해야 눈에 띄지, 그렇지 않으면 거의 화강암만 보일 것이다.

주차장 주변에서는 규모가 작긴 했지만 지각이 뒤틀리면서 만들어 놓은 습곡 지형도 눈에 띄었다. 사막을 지나오면서 보았던 지형은 기후 작용에

캘리코 주차장 주변의 습곡 지형. 오른쪽에 습곡 작용에 의해 휘어진 지층이 보인다.

캘리코 전망대 주변의 타포니.

의해서 형성된 지형이 대부분이었기 때문에 지각 변동에 의해서 형성된 지형을 보는 것이 새삼 신기했다. 눈앞의 습곡 지형을 관찰하고, 쇄설성 암석을 손으로 만져 보고, 다각도로 촬영하는 등 뜨거운 햇볕 아래에서 이리 뛰고 저리 뛰는 사이 일행은 각자 흥미를 느끼는 곳으로 사라져 버렸다. 정신을 차리고 마을의 여기저기를 뒤지니 어떤 사람은 레스토랑에서 또 어떤 사람은 뜨거운 햇볕을 피해 갱도에서 어른거리고 있는 모습이 눈에 띄었다.

마을의 맨 뒤, 마을과 그 앞에 펼쳐져 있는 경관을 관찰하기 가장 좋은 전망대까지 왔다. 끝없이 펼쳐진 건조 지형의 전형적인 모습이 잘 보였지만 워낙 광대하여 한 화면에 다 담을 수가 없었다. 사진을 찍어도 암석과 자갈, 그저 그런 비슷한 색깔로 구성된 지면 그리고 지면의 강렬한 복사열이 더해져서 선명하지가 않았다. 전망대 주변의 암석 곳곳에서는 기계적 풍화 작용으로 자갈이 빠져나간 자리가 선명한 타포니(tafoni)도 많이 보였다.

강원도에 힘을 주자

우리나라 강원도의 탄광 지역은 1989년 석탄 산업 합리화 정책이 시작되면서 거의 다 폐광촌이 되었다. 2001년 겨울 강원도 답사길에 동원 탄좌를 방문했다. 겨울에 눈 구경하기가 쉽지 않은 남쪽 출신이 대부분인 답사팀은 2박 3일 내내 지겹도록 눈 구경을 했다. 생명에 위협을 느낄 만큼 눈 속을 헤집고 다닌 어느 날 새하얀 눈 사이사이로 강원도 탄광이 삐죽이 모습을 드러냈다. 일찍 아침을 챙겨 먹고 어느 건물의 처마 밑에서 눈이 오고 난 후의 찬란한 햇살을 구경하고 있을 때였다. 눈이 녹으면서 떨어지는 물에 씻겨 강원도의 시커먼 속살이 드러나고 있었다. 순간 찬란하기만 한 햇살이

원망스러웠다. '아! 이런 색깔이었구나. 그것도 모르고 눈에 덮인 경관만 보고 좋아라 했구나. 이러고서도 지리 선생이라고 폼을 쟀으니…….' 그날 우리는 참 많이 부끄러웠다.

동원 탄좌 측의 브리핑을 받은 장소는 강당인지 회의실인지 구분되지 않는 곳이었다. 다 낡은 목재 의자들이 가난한 살림을 드러냈고 흔하디흔한 프레젠테이션을 위한 기자재조차 없었다. 회사의 간부는 칠판(화이트보드가 아닌)에다 분필로 적어 가며 회사의 사정과 폐광될 수밖에 없는 상황을 설명했다. 대부분의 탄광 회사들이 문을 닫았고 동원 탄좌도 머지않아 문을 닫을 수밖에 없다는 것이 그날의 결론이었다. 그날 오후에는 쌍용 시멘트 공장을 방문하였는데 브리핑 장소가 동원 탄좌와 어찌나 대조적이던지 동원 탄좌의 가난한 살림살이가 지금도 눈에 밟힌다.

그 후 강원도는 정부의 지역 경제 활성화를 위한 정책에 의해 정선의 강원 랜드로 대표되는 내국인 카지노 지역으로 급격히 변모되었다. 광부의 노동력을 전혀 사용할 수 없는 업종으로 전환했던 것이다. 오늘날의 강원도가 과거 석탄을 캘 때에 비해 경제력은 갖추게 되었는지 모른다. 그러나 지역 구성원의 특성을 고려하지 않고 무조건 돈이 되는 산업에 투자한 결과 그곳에 살던 많은 광부들이 강원도를 떠났다.

지역민을 품어 주지 못하는 정책이 과연 올바른 정책일까? 강원도는 천혜의 자연환경을 갖추고 있으므로 이와 연계한 카지노 산업이 괜찮지 않느냐고 반문할 수도 있을 것이다. 그러나 기본적으로 사람을 떠나게 하는, 더구나 터전을 잡고 살던 사람을 내쫓는 정책을 잘한 정책이라고 볼 수는 없다.

대안을 제시하지 못해 안타깝다. 캘리코와 같은 방법은 어떨지 한번쯤 생각해 보는 것도 좋지 않을까? 교육열이 높은 점을 고려해 광산에 관한 야외 학습장도 꾸미고, 폴란드의 소금 광산처럼 그곳에서 채굴 작업을 했던 광부들을 관광 안내원으로 이용하면 어떨까? 떠나간 모든 사람들이 돌아오게 할 수는 없겠지만 사람들을 정착시킬 수 있는 한 방법이 될 수도 있을 것이다.

모하비! 모하비!!

캘리코 광산촌은 건조 지역 내의 평지가 아닌 산록면에 자리 잡고 있었다. 우기에 물이 흐르는 와디(건천)를 피해 주변보다 높은 곳에 자리를 잡은 것이라는 생각이 들었다. 우리나라에서는 관찰할 수 없는 도상(島狀) 구릉이 멀리 펼쳐져 있었으며 경사가 완만한 산지가 이 지역을 둘러싸 건조 분지를 형성하고 있었다.

과거 아프리카에서 와디는 대상의 교통로로 이용되었다. 와디는 물이 흘렀던 흔적이라서 다른 곳보다 땅이 평탄하고 지면이 낮아 지하수면에 가깝다. 그 때문에 오아시스와도 쉽게 연결이 되어 교통로로서의 가치가 컸다. 그러나 사막에서 내리는 비는 폭우의 형태로 나타나는 경우가 많기 때문에 그만큼 홍수가 쉽게 발생할 수 있다. 모하비 족도 이 지역을 통과할 때 아마 와디를 이용했을 것이다. 이곳에서는 와디를 워시(wash)라고 부른다.

모하비 사막이 이렇게 광대할 줄은 몰랐다. 막연히 여러 주에 걸쳐 있으니 꽤 클 거라고는 생각했지만 하루 종일을 가야 할 줄은 몰랐다. 모하비 사막은 캘리포니아 주 남동부와 네바다·애리조나·유타 주의 일부에 걸쳐 있다. 면적은 약 3만 8850km²이며 이중 일부가 모하비 국립 보호 구역으로 지정되어 있다. 시에라네바다 산맥에서부터 콜로라도 평원까지 뻗어 있으며 북쪽으로는 그레이트베이슨 사막, 남쪽 및 남동쪽으로는 소노라 사막과 만난다. 그레이트베이슨 사막과 모하비 사막 사이의 불분명한 경계 부근에

플라야에서 수분이 증발하고 소금기만 남아 허옇게 보이는 염류각.

데스밸리가 있다. 데스밸리는 북미에서 가장 낮은 지대로 해수면보다 약 86m나 낮기 때문에 바닥이 두터운 염분층으로 덮여 있다.

사막은 형태에 따라 모래사막, 자갈사막, 암석사막으로 분류하는데 모하비 사막은 전형적인 산악 분지 지형으로 암석사막에 가깝다. 기후는 일교차가 심하고 겨울에는 서리가 자주 내리며 연평균 강우량은 127mm 이하이다.

1969년 후반 월남전이 끝나면서 미국 정부는 폐기 처분할 항공기를 임시로 보관할 할 장소로 모하비 사막을 선택했다. 1년 내내 건조한 모하비 사막은 비행기를 보관하기에는 최적의 장소이다. 물론 비행기를 보관할 때는 구멍을 철저하게 막아서 바람이 불 때 모래가 들어가 기능을 제대로 발휘할수 없는 쓰레기로 전락하지 않도록 해야 한다.

이후 모하비 사막에는 미국은 물론, 전 세계에서 운항되던 항공기와 폐기처분된 항공기 등을 모아 놓게 되었다. 모하비에 항공기를 모아 놓기 이전에는 항공기를 재사용하기 위해 일부 부품을 떼어 내서 녹이는 등 다시 제련을 했지만, 자원이 풍부해지고 산업이 발달하면서 항공 부품 소재를 재생하는 것보다 생산하는 가격이 오히려 싸게 되었다. 결국 항공사들과 미국정부는 항공기를 폐기 처분하지 않고 모아 두게 되었다.

이 지역의 사막 중 일부는 농사를 지을 수 있는 황토사막이며, 이미 사막에서 자랄 수 있는 농작물의 품종도 개발하였다고 한다. 사막이라고 하지만

비행기의 무덤. 모하비 사막에는 9천여 대의 항공기가 보관 또는 폐기되어 있다.

우리가 이날 지나온 사막에서는 식생이 자라고 있었다. 식생의 잎은 경엽수처럼 작고 딱딱했는데 이는 수분의 증발을 막기 위해서일 것이다. 특히 여호수아 나무(Joshua tree, 유카의 일종으로 죠수아트리라고도 함)가 많이 자라고 있었다. 아메리카 원주민들은 생활에 필요한 신발, 옷, 양탄자뿐만 아니라 바늘까지도 이 나무의 잎에서 얻었다고 한다. 박해를 피해 새로운 정착지를 찾던 모르몬교도들이 사막을 헤매다가 본 나무의 형상이 꼭 여호수아가 길을 안내하는 듯하다 하여 여호수아 나무라고 이름 붙였다고 한다.

모하비 사막의 여호수아 나무와 사막 식생. 사막이라 해도 대부분 풀로 덮여 있으며 여호수아 나무 외에 선인장도 이따금 보인다.

끝없는 사막을 관통하며 처음에는 신기하게 여겼던 여러 지형들도 눈에 익어 약간 시들해졌을 즈음, 가이드는 오랜 미국 생활에서의 경험을 바탕으로 미국 백인의 장점이자 단점을 슬슬 풀어 놓았다.

미국인들은 한 가지 일을 하면서 다른 일을 동시에 하는, 예컨대 슈퍼마켓에서 물건을 사는 사람을 상대로 계산을 해 주면서 동시에 걸려오는 전화를 받는 등 복합적인 능력을 발휘하지는 못한다. 그 대신 상황을 예견해 보는 합리적인 사고방식을 꾸준하게 키워 왔기 때문에 오늘날과 같은 부유한 나라가 되었다.

첫 번째로 든 예가 캘리포니아 지역에서 도로의 중앙 분리대에 심어 놓은 협죽도이다. 우기에 협죽도의 줄기와 뿌리에서 흘러내린 독성분이 땅속에 스며들어 건기에 두더지가 활동을 못하게 함으로써 도로의 훼손을 막기 위한 것이다.

두 번째 예는 서부 지역 대부분의 고속도로에는 중앙 분리대가 굉장히 넓다는 것이다. 미국인들은 도로를 건설할 때 나중에 교통량이 많아질 것을 대비하여 미리 싼값에 땅을 사 둔다. 그리고 교통량이 많아져 도로의 확장이 필요하면 안쪽의 중앙 분리대 쪽으로 도로를 확장한다.

끝으로 든 예가 과달루페 이달고 조약이다. 미국은 멕시코 전쟁(1846~1848년) 후에 획득한 캘리포니아, 네바다, 유타, 애리조나 등의 땅이 나중에 영토 분쟁에 휘말리지 않도록 이 조약을 체결하며 1600만 달러의 전쟁 보상금을 지불하고 토지 매매 계약서를 작성해 놓았다.

미국인의 치밀함은 이 밖에도 많은 예에서 볼 수 있다. 미국과 밀접한 관계를 맺고 있는 우리나라가 그들과의 협상에서 유리한 위치를 점하기 위해서는 미국인의 이러한 사고방식과 습관을 미리 알아야 한다.

고속도로의 중앙 분리대. 교통량이 많아지면 중앙 분리대 쪽으로 도로를 확장할 수 있도록 넓게 잡아 놓았다.

하루 종일 메사라는 망령에 시달리다

처음 메사가 나타났을 때는 감탄을 연발했는데 라플린에 도착할 때쯤엔 하도 보아서 식상할 지경이 되었다. 메사는 에스파냐 어로 탁자라는 뜻으로 꼭대기는 평탄하고 주위는 급사면을 이루는 지형을 가리킨다. 수평하고 단단한 암석층이 무른 암석층을 덮고 있는 대지에 침식이 진행될 때 형성된다.

선상지도 마찬가지였다. 처음 비행기에서 내려다볼 때는 탄성이 절로 나왔는데 이젠 어느 곳에서나 볼 수 있는 지형이 되고 말았다. 고속도로를 타고 가는 내내 평지에서 약간 돌출된 지형이 보이면 어김없이 메사나 뷰트 혹은 도상 구릉이었고, 산자락을 따라 경사면이 평지에 접하는 부분에서는 교과서처럼 선상지가 발달하고 있었다. 이 지역에서 모식적인 선상지가 열을 이루면서 나타난다는 건 단층 작용이 있었다는 뜻이다. 단층선을 경계로 산지의 말단부와 평지가 급경사로 만나기 때문에 선상지가 쉽게 발달할 수 있는 것이다.

　하천이 발달하지 못한 건조 지역에서는 계곡의 좁은 폭을 흐르던 하천이 평지와 만나면서 유로가 급하게 넓어지고 수심은 얕아진다. 그 결과 사방으로 흩어져 그물 모양의 유로를 형성하는데 이런 하천을 망류 하천이라고 한다. 망류 하천은 운반력에 비해 운반하는 토사량이 과도할 때 나타나는데 여기에는 건조 기후의 특징인 폭우성 강수가 한몫을 한다. 식생의 피복이 적은 상태에서 갑자기 내린 비는 많은 양의 토사를 계곡 입구로 운반해 놓

모하비 사막에 발달한 메사.

고속도로 주변의 선상지.

고 여러 갈래로 갈라져 흐르게 된다. 뚜렷한 부채꼴의 선상지는 이런 과정을 거쳐 형성된다.

　우리나라는 이런 조건을 충족시킬 수 있는 곳이 거의 없다. 그러니 전형적인 선상지를 처음 보았을 때 흥분하지 않을 수가 없었다. 경주의 모하리와 입실리에 있는 선상지를 답사 갔을 때였다. 지형도를 펼치고 등고선으로 선상지의 모양을 대강 확인하고 떠났었다. 그런데도 막상 현지에 도착하니 머릿속에서 그려 왔던 부채꼴의 땅은 간 곳이 없고 그저 그런 산록면만 자리하고 있었다. 그날은 하루 종일 산록면인지 선상지인지를 두고 입씨름이 벌어졌다. 선상지로 배운 것이니 퇴적물을 찾아보자며 날이 어둑해질 때까지 돌아다녔지만 그럴듯한 결과물은 얻지 못했다. 그랬는데 여기서는 '여기가 선상지'라고 과시라도 하는 듯 곳곳에 모식적인 지형들이 버티고 있었다.

어느새 캘리포니아 주를 지나 네바다 주에 들어섰다. 라플린으로 다가갈수록 도시적인 색깔이 점차 나타나기 시작했다. 하루 종일 모하비를 보다가 멀리 콜로라도 강물의 푸른빛이 보이니 너무도 반가웠고 평소에는 혐오했던 도시의 콘크리트 건물들도 친근하게 보였다. 사막에서 떠도는 동안 세상의 냄새가 그리웠는지 모르겠다. 모든 걸 잊고 잘 갔다 오라던 한국의 가족이 그 순간 생각났던 것도 같다. 그들과 내가 연결될 수 있는 방법은 전화선밖에 없고, 그러려면 도시로 가야 했으니까. 하루 종일 취한 자세도 문제였다. 버스 안에서 아침부터 오후까지 계속 쪼그리고 앉아 있었더니 어서 밖으로 나가 쉬고 싶다는 생각만 들었다.

사막의 도시 라플린

로스앤젤레스에서 약 472km 떨어진 라플린에 도착했다. 로스앤젤레스를 출발해 15번 고속도로를 타고 북동쪽으로 계속 전진, 남한 면적과 거의 맞먹는 약 10만km²의 광활한 황야인 모하비 사막을 관통하여, 바스토우를 거쳐 40번 고속도로로 달려 도착한 곳이다.

사막의 젖줄이라는 콜로라도 강(약 2333km)이 유유히 흐르는 강변에 아름답게 자리 잡은 휴양 도시. 1964년 카지노 업계의 대부로 불리던 단 라플린은 라스베이거스 인근 지역을 비행하던 도중 콜로라도 강가의 백사장을 발견했다. 강이 없어 삭막한 라스베이거스의 단점을 보완할 수 있겠다고 생각한 라플린은 제2의 라스베이거스를 계획했다. 2년 후인 1966년 이 지역을 정부로부터 매입해서 14층 높이에 660개의 객실을 갖춘 리버사이드 리조트 호텔을 건립하기 시작했다.

라플린은 네바다 주의 클라크 카운티(Clark County) 남동쪽 끝 부분, 애리조나 주와 캘리포니아 주와의 경계에 자리 잡고 있다. 사막의 도시답게 일 년 중 300일 이상이 맑은 날씨이며 연평균 강수량은 45mm 정도이다. 기온은 가장 높을 때는 평균 약 32℃, 낮을 때는 약 18℃이다. 우리가 도착했을 때는 42℃를 가리키고 있어 버스에서 내릴 엄두가 나지 않았다. 13세기경 모하비 아메리카 원주민들이 콜로라도 강변에 곡물을 재배했던 곳이며 그 이전에는 아나사지 인들의 거주지였다.

이곳에서 라스베이거스까지는 약 152km밖에 되지 않아서, 낮에는 이곳에서 강변의 운치를 즐기고 밤에는 라스베이거스로 돌아가기도 한다. 라스베이거스의 복잡함에 싫증을 느끼는 경우 이곳을 더 선호하는 경향이다. 라스베이거스와 라플린을 오가는 무료 셔틀버스가 플라밍고 호텔 앞에서 정기적으로 운행되고 있다. 현재 약 9개의 호텔과 1만 3000여 개의 객실이 건설되어 있으나 제2의 라스베이거스를 꿈꾸며 계속 발전하고 있다. 라플린의 호텔 이름들은 라스베이거스의 호텔 이름을 본뜬 게 많고 그 도시적인 분위

네바다 주의 최남단에 위치한 라플린.

사막의 도시 라플린.

기도 비슷해서 '리틀 라스베이거스'로 불린다.

라플린 시가를 흐르는 콜로라도 강변에서는 수상 제트스키를 비롯하여 누구나 값싸게 여가를 즐길 수 있다. 각 호텔 지하층의 선착장에는 워터 택시(Water Taxi)라고 불리는 30인승의 유람 요트가 있는데 3달러를 내면 약 30분간 각 호텔 선착장에 내렸다가 다시 원래 위치로 돌아올 수 있다. 호텔의 네온사인이 켜질 무렵 어두워진 콜로라도 강을 워터 택시를 타고 한 바퀴 돌아오는 것도 제법 운치가 있다.

좀 더 여유 있는 시간을 가지려면 규모가 큰 범선 모양의 유람선을 타는 것도 좋다. 이 유람선은 콜로라도 강을 거슬러 올라가 데이비스 댐까지 갔다 돌아오며 운행 시간은 약 1시간 30분이다.

이날의 숙소인 호텔에 도착하였다. 호텔의 열쇠를 가지러 갔다 돌아온 가이드는 옷이 흠뻑 젖어 있었고 얼굴도 땀으로 범벅이 되어 있었다. 버스에서 내릴 때 바깥의 온도를 보니 108°F(42℃)였다. 한국에서는 그 시간이면 더위가 한풀 꺾일 시간인데 정말 대단한 더위였다.

라플린은 은퇴의 도시이기도 하다. 미국인들은 북부 지역의 추운 공업 지대(snow belt)에서 젊을 때 열심히 일하고, 정년퇴직한 후에는 날씨가 건조하고 일조량이 많은 지역(sun belt)에서 보트 놀이와 낚시, 도박 등을 즐기면서 편안하고 여유 있게 살아간다고 한다. 건조하다는 건 농업에는 극히 불리한 조건일지 모르지만 노년의 인체에 미치는 영향은 습윤한 것보다 훨씬 나은 것 같다. 우리나라 노인들이 신경통이 심해지는 증세로 비가 올 것을 미리 아는 것은 습도가 높아지면 신경이 자극을 받아 통증이 더 잘 느껴지기 때문이다. 그런데 이곳에는 관절염 환자가 없다고 하니, 사막이 불모의 땅인 것 같지만 관개용수만 확보된다면 은퇴 도시를 건설하기에는 이상적인 지역인 것도 같다.

콜로라도 강은 사막 지역을 흐르는 강이지만 수량이 많고 규모도 컸다. 책에서 익히 본 대로 강을 따라 호텔들을 경유하여 수상 택시도 운행되고 있었는데 저녁을 먹고 나오니 너무 어두워서 탈 수 없었다. 그뿐 아니라 밤이 되었는데도 대기의 온도는 떨어질 줄을 몰라 밖에 나가면 시원한 에어컨이 그리워 얼른 들어올 수밖에 없었다.

그래도 잠만 자고 지나치기는 아쉬워 산책 겸 근처의 아울렛으로 구경을 갔다. 한국처럼 저녁 늦게까지 영업하는 줄 알았다. 미국이라는 곳이 그렇지 않다는 것은 알았지만 관광지라 예외려니 했다. 하지만 이미 많은 가게들이 문을 닫았고, 2층에 있는 영화관에서는 당시 한국에서도 개봉된 'Mr. and Mrs. Smith'와 'War of the Worlds' 등이 상영되고 있었다.

그 대신 호텔 안은 그때부터가 본격적인 시작이었다. 낮보다 환한 밤이라는 표현 그대로였다. 휘황찬란한 네온사인 아래로 카지노의 위력은 정말 대단했다. 호텔 객실로 올라가려면 카지노장을 거치지 않을 수가 없었는데

라플린의 야경. 라스베이거스보다 규모만 작을 뿐 비슷한 모습이다.

'도대체 어떤 마력이 숨어 있기에' 하는 호기심이 일었다. 잭팟을 기대하지 않았다면 거짓말일 것이다. 그러나 결과는 그저 그랬다. 역시 도박 체질은 아닌가 보았다.

저녁 9시부터 본격적인 보고 및 토론에 들어가 낮에 보았던 은광촌과 건조 지형에 대해 토의했다. 시차 적응이 되지 않은 우리는 출발할 때의 의지와는 달리 시도 때도 없이 졸고 있었다. 밤에는 우기도 아닌데 천둥과 번개가 쳐 여행자들이 밤잠을 설쳤다고 했다. 우리는 그것도 모르고 잤다. 반용부 교수님은 그 밤중에 일어나서 번개를 찍느라고 카메라 셔터를 눌렀다는 후문이다.

3일차

죽기 전에 꼭 보아야 할
자연의 아름다움

■ 8월 3일 : 라플린 → 그랜드 캐니언 → 페이지

영국 BBC가 선정한 '죽기 전에 가 보아야 할 50곳' 중에서도 단연 으뜸으로 선정될 정도로 아름다운 지역이며 이름처럼 그 규모가 웅장하다는 그랜드 캐니언. 하지만 그랜드 캐니언을 직접 보았을 때, 그 어떤 말로도 설명할 수 없음을 깨달았다. 과연 어떤 수식어로 이 절경을 표현할 것이며, 어떤 단위로 그 규모를 설명할 것인가. 백문이 불여일견이라는 말이 머릿속에 떠오를 뿐이었다. 단지 규모와 관련하여 간단히 비교한다면 경부선의 길이는 444.5km이고 그랜드 캐니언의 총길이는 446km라는 것이다. 일행 모두가 경비행기를 타고 그랜드 캐니언을 둘러보고자 했던 처음 계획과는 달리 좌석수가 제한되어 있어 몇몇은 아이맥스 영화 관람으로 대신해야 했다. 아이맥스 영화도 나름의 묘미가 있어 경비행기를 타지 못한 아쉬움을 달랠 수 있었다.

젊은 땅, 미국 서부

어둠이 채 가시지 않은 새벽 5시 30분. 잭팟을 터뜨리지도 못한 채 허무하게 라플린을 떠났다. 밤새도록 천둥과 번개가 쳤고 비까지 촉촉하게 내렸다.

영국 BBC에서 전 세계인을 대상으로 조사한 죽기 전에 꼭 가 보아야 할 자연 명장면 중 첫손가락에 꼽힌 그랜드 캐니언. 그곳을 보여 주기 위해 밤부터 하늘은 그렇게 울었나 보다! 사막을 여행하면서, 그것도 건기에 해당하는 계절에 비를 만날 줄은 상상도 못했다. 겪기 어려운 일을 경험했으니 행운이라고 해야 할지, 아니면 그 반대로 생각해야 할지.

갑자기 고요한 차 안에서 환호성이 터졌다. 촉촉하게 비 내리는 사막 한가운데, 저 멀리 비치는 밝은 햇살 사이로 쌍무지개가 우리를 축복하고 있었다. 이집트의 사하라 사막에서는 비를 '신의 축복'이라 여기는데 여기도 같은 사막이니 마찬가지가 아닐까? 우리는 축복에 행운까지 듬뿍 받은 기분이었다. 많은 사람들이 그토록 보고 싶어하는 그랜드 캐니언을 직접 보러 가는 것만으로도 행운인데, 사막에서 목마르게 기다리는 비까지 내리고 있으니 분명 좋은 징조였다.

미국 동부의 대부분 산악 지대에서는 산기슭과 산마루 사이의 고도 편차가 1000m를 넘지 않는다. 이와는 대조적으로 서부 내륙 지역에서는 일반적으로 고도 편차가 1000m 이상이다. 서부 지역의 산맥들은 수직에 가까울 정도로 깎아지른 듯하며, 산봉우리는 톱니가 하늘을 향하고 있는 것처럼 들쑥날쑥하다.

이렇게 동부와 서부의 지형이 크게 다른 이유 중 하나는 생성 시기가 다르기 때문이다. 서부 대부분의 산악 지대는 동부 지역에 비해 나이로 따지면 상당히 젊은 편에 속한다. 즉, 대부분의 산맥이 신생대의 격렬한 조산 운동에 의해 형성된 것이다. 따라서 서부에서는 지표면을 완만하고 평탄하게 만드는 침식 작용이 비교적 짧은 세월 동안 진행되어 왔다.

반면 애팔래치아 산맥으로 대표되는 동부는 우리나라의 산지와 다르지 않다. 애팔래치아 산맥은 고생대의 조산 운동에 의해 이루어진 산맥이므로 상당히 오랜 세월 동안 침식을 받아 매우 완만한 편이다. 자연히 서부를 대표하는 로키 산맥보다 지역성을 드러내는 힘이 약하다. 만약 미국의 역사가 서부에서 시작되었다면 로키 산맥을 넘어야 하는 동부로의 개척이 현재의 미국보다 훨씬 더뎠을 것이다. 그만큼 로키 산맥은 인간으로 하여금 한계를 느끼게 할 정도로 거대하다.

미국 서부의 내륙 불모지대는 산맥보다는 고원들로 이루어져 있다. 기복이 심한 부분도 있기는 하지만 완만한 퇴적암 지층이 이 지역을 떠받치고 있다. 이들 고원 중 가장 극적인 장관을 연출하는 곳이 유타 주와 애리조나 주의 콜로라도 강 중·상류에 자리 잡은 콜로라도 고원이다.

콜로라도 고원의 멋진 풍경을 만들어 내는 것은 고원을 가로지르는 콜로라도 강과 그 지류들이다. 콜로라도 강은 강수량이 많은 로키 산맥에서 발원하여 건조 지대인 이 지역을 가로질러 흐르는 외래 하천이다. 이곳과 같은 건조한 자연환경에서는 식생의 피복이 적고 강수도 폭우성인 경우가 많기 때문에 습윤 지역에 비해 하천들이 침식 작용을 크게 일으킨다. 콜로라도 고원은 콜로라도 강의 끊임없는 침식 작용을 받아 깊은 협곡이 중첩해서 형성되어 그랜드 캐니언, 브라이스 캐니언 등 매우 경이로운 자연경관을 연출한다.

그랜드 캐니언. 콜로라도 강의 끊임없는 침식 작용을 받아 형성된 협곡 지대.

애리조나? 그랜드 캐니언!

'애리조나'는 아메리카 원주민 중의 하나인 피마 족의 언어인 '아리조나크'라는 말에서 유래했다. 마른 땅을 뜻하는 에스파냐 어 '아리다 존다'에서 유래했다는 설도 있다. 그랜드 캐니언의 주(Grand Canyon State)라는

별명처럼 '애리조나' 하면 그랜드 캐니언이다.

　구리 광산이 발견된 19세기부터 개척민이 들어오기 시작하였으며, 댐에 의한 관개가 이루어진 후 과거 50년 동안 주의 인구가 10배나 증가했다. 콜로라도 강, 솔트 강, 쥐라 강의 물을 이용하여 관개한 농장에서 감귤류, 야채, 목화를 생산하고 있으며 납, 아연, 은, 금, 우라늄, 동 등의 광물이 많이 생산된다.

애리조나 주는 아파치의 주(Apache State)라고도 부른다. 이 지역이 아파치 족을 비롯한 아메리카 원주민의 영토였으며 현재도 가장 많은 원주민이 살고 있는 곳이기 때문이다. 주도인 피닉스와 제2의 도시인 투손은 제2차 세계 대전 후 급속히 발전된 도시이며 현재 전자 제품, 항공기 등의 첨단 기술 산업이 집중되어 있다. 또한 일조율이 85%로 미국 내에서 가장 높지만 고온에도 불구하고 습도가 낮아, 플로리다 주의 뒤를 이어 '노인의 천국'이 되어 가고 있다. 피닉스 주변의 신흥 도시에는 북부의 정년퇴직자들이 많이 몰려오고 있다.

오늘날 애리조나의 문화는 고대 아메리카 원주민 문화에 멕시코 문화가 혼합되고 여기에 에스파냐 탐험가, 보물을 찾아다니던 사람들, 악당과 보안관들의 기질과 개척 정신의 영향을 받아 확립되었다. 이러한 다양한 문화의 흔적은 애리조나 전역에서 발견된다.

한참 사막 한복판에 난 길을 따라 달려가다 보니 아름답고 특이한 산악 지형이 눈에 들어오기 시작했다. 메사와 뷰트였다. 전날 질리도록 본 지형인데 이날 다시 보니 또 새로웠다. 비가 꽤 내린 편이라 골짜기에서 물줄기가 흘러내릴 법도 한데 산지 사면의 쇄설물 속으로 하천이 복류하여서인지 지표 위로 드러난 하천은 보기가 힘들었다. "이게 바로 와디야." 앞자리의 반용부 교수님이 넌지시 일러주었다.

사막 지역의 폭우성 강수로 산지 사면의 쇄설물이 쓸려 내려가고, 쓸려온 쇄설물은 완만한 경사를 이루어 아래쪽에 부채꼴 모양의 선상지를 만든다. 이러한 작용이 반복되면서 페디플레인(건조 지대에 나타나는 평원)이 된다. 그리고 보니 여기저기 드넓은 페디플레인과 산지 사면 아래의 퇴적층인 선상지가 눈에 들어오기 시작했다. 한국에서 쉽사리 볼 수 없는 지형이

킹먼 가는 길에 심층 풍화로 지표에 드러난 핵석.

라는 생각에 무의식중에 창밖으로 고개를 돌려 관찰하게 되고 카메라 셔터
가 눌러졌다. 길이 약 30km, 폭 50~60km에 이르는 거대한 페디플레인이
었다.

　아침부터 강행군을 해서인지 졸다 깨기를 반복하다가 번쩍 눈을 떴다. 운
전기사가 버스에 기름을 넣기 위해 잠시만 기다려 달라고 양해를 구했다.
미국 서부의 도로와 철도 교통의 결절지 킹먼이었다. 운전기사가 직접 주유
구를 열고 기름을 넣는 동안 화장실도 갈 겸 잠시 내려서 바람을 쐬었다. 이
른 아침 사막의 상쾌한 공기가 코끝에 와 닿았다.
　각 주마다의 특징이 담긴 그림을 가지고 만든 자동차 번호판을 찍느라 한
선생님이 재빠르게 이동했다. 어디를 가든 그 선생님의 기동력은 빛이 났
다. 식사를 하고 잠깐 쉬는 사이 눈에 안 띄어 어디를 갔나 하고 찾으면 어
김없이 호기심에 찬 눈을 하고 뭔가를 찍고 있었다. 그의 노력으로 우리는

미국의 자동차 번호판에 관심을 갖게 되었고, 그것 하나만으로도 상당히 요긴한 수업 자료가 만들어졌다. 후에 돌아와서 순전히 자동차 번호판만으로 수업을 진행한 적이 있었다.

기말 고사가 끝나고 교과 진도도 수능이라는 대명제도 아이들을 휘어잡지 못하던 어느 날, 미국의 자동차 번호판을 수업의 재료로 이용해 보았다. 결과는 성공이었다. 한 시간으로는 50개 주 전체에 대한 설명이 부족해서

미국 각 주의 자동차 번호판. 애리조나 주(오른쪽 맨 위)는 그랜드 캐니언을 번호판에 그려 넣었다.

아쉬운 대로 중요한 주, 특징 있는 주를 엄선해서 번호판을 만드는 방법과 뜻을 설명해 주었더니 다들 재미있어했다.

미국의 각 주는 주의 홍보 수단으로 자동차 번호판을 이용한다. 애리조나 주는 번호판에 그랜드 캐니언을 그려 넣고, 텍사스 주는 그림보다 THE LONE STAR STATE라는 문자로 주 이미지를 홍보한다(물론 그림도 있다). 외환은행 강제 매각과 관련 있는 '론스타'라는 펀드가 텍사스 주의 댈러스에 기반을 두고 있고 텍사스 주의 별칭에서 이름을 따온 것처럼 텍사스 주는 외로운 별이라는 말을 사랑한다.

미국에서 자동차 번호판은 일반적으로 주 정부에서 일련번호로 면허를 주어 발행한다. 그러나 개인 전용 번호판이라고 약간의 돈을 더 지불하고 자신의 개성을 나타내는 숫자나 문자를 가지고 등록하는 것도 가능하다. 당연히 중복은 피해야 하며 최대 일곱 자리까지 가능하다. 예컨대 DR의 경우 DOCTOR를 의미하며 LUV는 LOVE를 의미한다. 유명 운동선수들은 자신의 등 번호를 자동차 번호판에 활용하기도 한다. 특이하게 일부 주에서는 강제로 번호판을 부여하기도 하는데, 음주 운전자나 성범죄 관련자의 경우가 그 예이다.

킹먼을 지나 그랜드 캐니언으로 다가갈수록 땅 위의 식생들이 늘어났다. 그동안은 보기 힘들었던 나무가 제법 자라고 있어 전날 보았던 모하비 사막과 비교되었다. 사막 식생이 아닌 활엽수 종류가 고속도로 주변에 많았는데 그랜드 캐니언으로 다가갈수록 밀도가 높아졌다. 우리나라의 산지처럼 활엽수림으로 덮여 있는 정도는 아니었지만 지금까지 보던 황량한 사막과는 다른 경관이었다. 하지만 여전히 불모의 땅이 보였고 특유의 건조 지형이 모식적인 모양으로 자태를 자랑하고 있었다.

킹먼에서 그랜드 캐니언으로 가는 길의 식생. 그랜드 캐니언으로 갈수록 식생의 피복이 좋아지고 활엽수도 보이며 목축이 이루어지는 모습도 보였다.

킹먼에서 본 메사.

잠시 눈을 돌린 창밖에는 큰 분지 안에 제주도 기생 화산처럼 보이는 조그마한 잔구들이 그림처럼 펼쳐져 있었다. 산봉우리가 일직선을 이룬 거대한 메사도 우리를 따라왔다. 고도가 약 1220m 되는 곳에 습곡에 의해 지층이 수직으로 휘어진 산이 보이는가 하면 산봉우리에 자갈이 있는 지형, 혈암(셰일) 위에 사암이 있는 지형 등을 보니 많이 융기했다는 것도 짐작할 수 있었다. 모두 교수님의 설명을 들으며 주변 경관을 보느라 정신이 없는 가운데 어느 선생님의 한 마디. "몇 시간째 똑같은 경관이네. 와! 거대하다."

고속도로에는 화물 차량이 상당히 많았다. 컨테이너 트럭을 비롯해서 각종 화물을 수송하는 트럭이 질주하고 있었다. 그 곁에서 달리는 버스는 초라할 정도로 크기에서 차이가 났는데 우리가 탄 버스가 결코 작은 크기가 아닌데도 트럭이 가까이 다가오면 공포감부터 느껴져 빨리 지나가기를 기다렸다. 화물 트럭은 사진을 찍는 데도 방해물이었는데 좀 괜찮은 지형을 발견하여 카메라의 초점을 맞출라치면 어김없이 뭔가 휙 지나가 사진을 망쳤다.

그래도 인구 밀도로 보나 도시 규모로 보나 산업의 발달 정도로 보나 서부 내륙 지역은 동부나 태평양 연안에 비해서는 비교도 안 될 만큼 교통량이 미미한 편이다. 서부 내륙 지역은 교통량이 적기 때문에 수송 시설 개발자들의 주요 목표는 가능한 한 신속하고 값싸게 이 지역을 통과하는 것이었다. 그 결과 주요 고속도로와 철도 노선들의 대부분은 이 지역을 동쪽에서 서쪽으로, 즉 중서부의 도시 지역에서부터 서부 연안의 도시 지역까지 그대로 가로지르면서 관통한다.

비록 운송로가 이 지역을 관통하고 있긴 하지만 이곳을 통과하는 수송 체계를 위한 다양한 편의 시설이 좀 더 여러 곳에 개발되어야 할 것 같았다.

아메리카 원주민의 고향

대부분의 사람들이 '애리조나' 하면 카우보이를 연상하지만 애리조나에는 카우보이가 없다. 오히려 미국 서부의 카우보이 모습을 보려면 유타 주와 네바다 주로 가야 한다. 대신 애리조나에 가면 아메리카 원주민들을 많이 볼 수 있다. 원래 애리조나는 아메리카 원주민들이 특히 많이 거주하던 땅이다. 백인과 항쟁하여 끝까지 맞서 싸웠던 용맹한 원주민 부족으로 잘 알려진 아파치 족의 추장 제로니모가 10년간의 전쟁을 이끌던 근거지도 애리조나이다. 이날 갈 그랜드 캐니언의 깊은 골짜기에도 아메리카 원주민들이 살고 있다.

미국 남서부의 원주민들은 문화적으로도 매우 다양하다. 가장 인구가 많은 부족은 콜로라도 · 유타 · 애리조나 · 뉴멕시코 주가 만나는 지역인 포코너스(Four Corners)에 살고 있는 나바호 족이다. 그 밖의 부족으로는 애리조나와 뉴멕시코 주에 살고 있는 몇몇 아파치 부족들, 뉴멕시코 주에 있는 다양한 푸에블로 족, 애리조나 남부에 있는 파파고 족, 애리조나 북서부에 있는 호피 족, 콜로라도 남서부에 있는 유트 족 등이 있다. 이들은 대부분 주요 보호 구역에서 살고 있는데, 아메리카 원주민 보호 구역은 특히 포코너스와 캘리포니아 주에 집중되어 있다. 포코너스에 있는 나바호 족 보호 구역은 넓이가 6만 2000km²이며 다른 보호 구역에 비해 10배나 많은 원주민을 수용하고 있다. 애리조나 주와 뉴멕시코 주에는 총 30만 명 정도가 살고 있다.

아메리카 원주민들은 우리처럼 추상적인 의미를 지닌 말이 아니라 삶 속에서 우러나오는 말을 그대로 이름으로 지어 불렀다. 샤이엔 족 추장의 이름은 '늑대와 언덕', 블랙푸트 족 추장의 이름은 '황소의 등살 비계'였다.

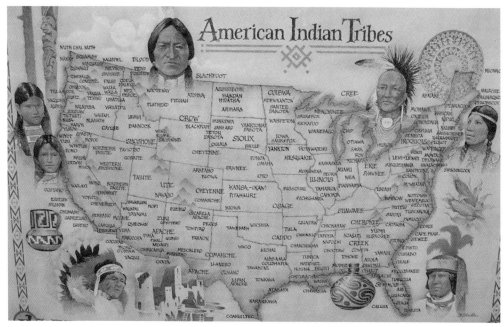

관광 엽서에 소개된 아메리카 원주민 부족 분포도.

그 외에도 '곰이 노래해', '나비 부인에게 쫓기는 남자', '동쪽에서 온 사람' 등 세상을 사랑한 그들의 순수성이 이름 속에 고스란히 녹아 있다.

포리스트 카터(Forrest Carter)의 성장 소설 『내 영혼이 따뜻했던 날들』은 엄마 아빠가 죽고 할머니 할아버지와 같이 생활하는 '작은 나무'라는 아이의 일상을 다룬 것이다. 체로키 족의 피를 물려받은 작가의 자전적 소설이니만큼 아메리카 원주민의 실제 생활상에 대한 정확한 기록은 물론이고, 이들이 자연과 교감하며 순수하게 살아가는 모습을 가감 없이 보여 준다. 늘 자연 앞에서 겸손하고자 애썼던 그들의 생활은 현대를 살아가는 지구상의 모든 사람에게 한 번쯤 자신을 돌아보게 하는 계기를 제공한다. 포리스트 카터는 자신이 체로키의 혈통을 이어받은 것을 자랑스러워했다고 한다.

현재 캐나다와 미국에서 시행되고 있는 원주민 보호 정책은 원주민 말살 정책에 가깝다. 원주민들을 일정한 보호 구역에 몰아넣고 일을 하지 않아도 정부에서 매달 일정한 생활비를 지급해 주니, 젊은 사람들은 나태해지고 공부도 하지 않아 발전이 중단된 게 현 실태이다. 게다가 원주민 보호 구역 안에서는 술, 담배가 공짜이다시피 하여 원주민들의 수명이 점차 짧아지고 있다. 현재 순수 혈통의 원주민은 0.03%로 점차 줄어들고 있다. 이 지역 원주민의 대표적 종족인 피마 족의 경우 급격하게 미국적인 식생활을 받아들이고 노동은 적게 하게 되면서 당뇨병 환자의 수가 급증하고 있다.

66번 도로에 대한 향수

기차를 타고 그랜드 캐니언에 올라가려는 사람들이 와서 머문다는 그랜드 캐니언 입구의 관광 취락인 윌리엄스에 도착했다. 이제 어디를 가든 한국인이 없는 곳은 없는 것 같았다. 이곳에서도 어김없이 한국인이 경영하는 식당이 당당하게 자리를 차지하고 있었다. 아침 식사로 콩나물 북어 해장국이 나왔다. 교민이 사는 곳은 이래서 좋다. 음식으로 고국의 향수를 달랠 수 있으니…….

우리나라의 소읍을 연상시키는, 포근하다는 생각마저 들게 하는 인구 3500여 명의 미니 도시 윌리엄스! 서부 개척 당시의 유명한 사냥꾼이자 길 안내자였던 빌 윌리엄스(Bill Williams)의 이름을 따서 명명된 이 작은 도시는 1901년 9월 17일 개통된 유서 깊은 관광 증기 기관차의 출발지로도 유명하다.

관광 열차는 오전에 윌리엄스를 출발하여 애리조나의 대평원을 2시간 30

그랜드 캐니언의 관문 윌리엄스.

분가량 달려서 그랜드 캐니언 사우스 림의 그랜드 캐니언 빌리지에 도착한다. 달리는 동안 기차 내에서는 이따금 서부의 무법자들(?)이 권총을 차고 나타나 고객들을 놀래 주기도 하고, 차창 밖에서 총을 쏘며 열차 추격 장면을 연출해 주어 마치 서부 개척 시대로 돌아간 듯한 즐거움을 선사해 준다. 3시간가량의 그랜드 캐니언 관광이 끝나면 다시 열차는 승객들을 태우고 윌리엄스 역으로 돌아오는 일정인데, 여유가 있으면 한번 시도해 볼 만하다. 4월에는 애리조나의 대평원에 사막의 야생화가 만발해 있어 볼거리를 더한다고 한다.

1912년 애리조나 주가 미국의 한 주로 편입되면서 동부 시카고에서 서부 로스앤젤레스까지 연결되는 도로가 건설되기 시작했다. 바로 66번 도로이다. 애초에는 비포장도로였으나 1938년 포장이 완공되고 자동차 여행객들이 증가하면서 이용하는 사람들의 수가 급증하였다. 그 한가운데에 윌리엄스가 있었다. 기차역 하나만 있는 보잘것없던 이 마을이 66번 도로와 함께 번성하기 시작했다.

당시 겨울이면 서쪽의 애시포크로 가는 여행자들은 자동차를 기차로 실어 날라야 했다. 길이 진창으로 변해 자동차를 이용하기 어려웠기 때문이다. 이때 여행자들은 기차를 기다리는 마을에서 머물 수밖에 없었는데 그곳이 바로 윌리엄스였다. 목축으로 생활하던 마을에 여관, 술집, 식당이 늘었다. 윌리엄스에서 66번 도로는 희망이었고 자부심이었으며 부의 상징이었다.

동부와 서부를 연결하던 최초의 대륙 횡단 도로이자 윌리엄스의 희망이었던 66번 도로도 동부와 서부를 잇는 새로운 도로가 건설되자 서서히 쇠퇴해 갔다. 결정적으로 비슷한 노선에 40번 주간 고속도로가 건설되면서 66번 도로는 향수로 남게 되었다. 우리가 달려온 도로도 40번 고속도로였다.

한때 윌리엄스의 번영을 상징했던 66번 도로 표지판.

윌리엄스의 곳곳에 66번 도로 표지판어 걸려 있다. 과거의 영화를 추억하는 걸까, 아니면 과거에 대한 자부심일까? 아무튼 윌리엄스는 66번 도로와 함께 생활하고 있는 듯했다. 이곳에 묵었던 사람들의 말에 의하면 주민들이 상당히 친절하다고 했다. 외지인이 많이 드나들던 때의 상업성이 몸에 밴 덕분인지, 아니면 속도와 상관없는 곳에서 과거의 향수를 달래면서 사는 덕분인지 모르겠다.

자그마하고 여유로운 윌리엄스를 뒤로하고 다시 버스에 올랐다. 그때부터 진짜 그랜드 캐니언을 향해 한 걸음 두 걸음 걸음을 옮기는 것이었다. 점차 해발 고도가 높아지면서 구름이 낮게 드리워졌다. 평평한 대지 너머 마치 독수리가 양 날개를 펼치고 있는 것처럼

아메리카 원주민이 그랜드 캐니언을 찾는 지표로 삼았다는 이글마운틴.

보이는 이글마운틴(독수리산)의 뒤가 그랜드 캐니언이었다. 과거 그랜드 캐니언에 살던 원주민들이 집으로 갈 때 이 산을 지표로 삼았고, 지금은 그랜드 캐니언의 날씨를 알아보는 지표로 삼는다고 했다. 이글마운틴이 선명하게 보이면 그날의 날씨는 맑아서 그랜드 캐니언을 여행하는 데 지장이 없다는 것이다. 다행히 우리의 눈에 이글마운틴이 보이니 날씨 때문에 그랜드 캐니언을 보지 못하는 일은 없을 것 같았다. 특히 오후에는 경비행기를 타고 위에서 그랜드 캐니언을 조망할 예정이었기 때문에 더욱 날씨가 중요했다.

살아 있는 지질학 교과서

미국 서부에는 로키 산맥과 워새치 산맥으로 둘러싸인 콜로라도 고원이 있다. 콜로라도 고원은 애리조나, 유타, 콜로라도, 뉴멕시코 주 등 여러 주에 걸친 거대한 대지이다. 표고 1000~3000m의 이 고원 사이를 콜로라도 강이 흐른다. 이 지역은 주로 건조 또는 반건조 기후를 나타내는 지역이기 때문에 강수량에 비해 침식이 깊게 이루어진다. 콜로라도 강의 오묘한 조화에 의해 탄생한 지형이 그랜드 캐니언이다.

그랜드 캐니언의 협곡을 만들어 낸 가장 중요한 힘은 물과 얼음이다. 건조한 사막 혹은 반사막 지대에서 물이 지형 형성에 커다란 역할을 했다는 것이 의아하게 여겨질 수도 있지만, 사막이기 때문에 오히려 물이 커다란 역할을 할 수 있는 것이다.

그랜드 캐니언의 토양은 식생의 피복이 적기 때문에 강한 일사에 단단해져서 비가 내려도 물이 토양에 스며들기가 어렵다. 따라서 물은 격류를 이루면서 흘러내린다. 또한 그랜드 캐니언에서 자라는 식물은 비가 내릴 때 가능한 한 많은 물을 흡수하기 위해 뿌리가 얕게 발달하므로, 이런 뿌리로는 격류를 이루면서 흐르는 강물의 침식을 막기 힘들다. 건기에는 침식이 아주 작게 이루어지더라도 일단 비가 내리면 콜로라도 강은 활발한 침식 활동을 하게 되며, 때로는 규모가 큰 바위 덩어리들까지도 협곡을 통해 떠내려갈 수 있다. 가끔 콜로라도 강바닥에 떠내려온 승용차나 버스가 가라앉아 있는 걸 볼 수 있을 정도로 홍수 때의 침식 작용은 대단하다.

얼음 또한 중요한 역할을 한다. 암석 틈으로 들어간 물이 얼면 팽창해서 틈을 더욱 넓히게 되는데, 이로 인해 암석의 가장자리 부분이 떨어져 내린다. 떨어져 내린 암석은 다른 암석과 충돌해 멈추기도 하지만 아주 큰 암석

콜로라도 고원의 범위와 그랜드 캐니언의 위치.
출처 : http://ieg.or.kr/Geo_travel/travel02/travel01.html

이 낙하할 경우에는 산사태가 일어날 수도 있다. 사태에 의해 협곡에 쌓인 바위나 암설은 홍수가 날 때 콜로라도 강을 따라 하류로 운반된다.

콜로라도 강의 봄철 홍수는 하천 바닥에 퇴적된 바위와 암설을 쓸어간다. 강은 암석과 퇴적물을 태평양으로 운반해 가는데, 운반되는 쇄설물에 의해 강바닥이 깎이고 이로 인해 강은 더욱 넓어지고 깊어진다. 과거에는 이들 쇄설물이 상대적으로 무른 석회암, 사암, 셰일 등을 큰 폭으로 깎아냈지만, 오늘날은 이들 암석이 깎이고 밑에 있던 단단한 화강암과 편암이 새롭게 드러나면서 침식의 속도도 느려졌다.

길이 400km, 폭 6~30km, 깊이 1600m의 그랜드 캐니언을 구성하는 양쪽 벽에는 여러 가지 색깔의 지층이 드러나 있다. 화석이나 방사성 원소를 이용하여 이들 지층의 연대를 측정한 것을 보면 선캄브리아대와 고생대의 지층이 대부분이다. 이들 지층도 모든 지질 시대를 망라하여 퇴적되어 있는 것은 아니고 군데군데 지층이 결여되어 부정합을 나타내고 있다. 또한 중생대 이후의 지층은 좀처럼 볼 수가 없다.

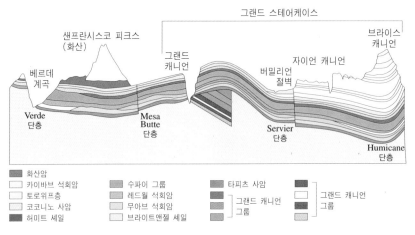

그랜드 스테어케이스

샌프란시스코 피크스
(화산)

브라이스
캐니언

그랜드
캐니언

자이언 캐니언

베르데
계곡

버밀리언
절벽

Verde
단층

Mesa
Butte
단층

Servier
단층

Humicane
단층

화산암
카이바브 석회암
토로위프층
코코니노 사암
허미트 셰일

수파이 그룹
레드월 석회암
무아브 석회암
브라이트앤젤 셰일

타피츠 사암
그랜드 캐니언
그룹

그랜드 캐니언
그룹

그랜드 스테어케이스의 지층 단면도.
출처 : http://ieg.or.kr/Geo_travel/travel02/travel01.html

그랜드 캐니언의 최상부에 노출된 가장 젊은(2억 5000만 년 전) 지층인
카이바브 석회암이 형성된 이후에 만들어진 암석은 이미 침식으로 사라졌
으며 일부는 그랜드 캐니언 인근에 퇴적되었다. 그랜드 캐니언의 북쪽 지역
에 보다 젊은 지층인 나바호 사암이 분포하는데 이 사암은 버밀리언 절벽과
자이언 국립공원의 지층을 구성하는 암석이다. 더 북쪽으로 가면 브라이스
캐니언을 구성하는 젊은 암석이 있다. 브라이스 캐니언에서 그랜드 캐니언
에 이르는 지역을 그랜드 스테어케이스(Grand Staircase; 대형 계단)라고도
한다.

자연을 느끼는 방법

그랜드 캐니언을 보려면 흔히 하듯이 자동차나 기차를 이용하여 도착한

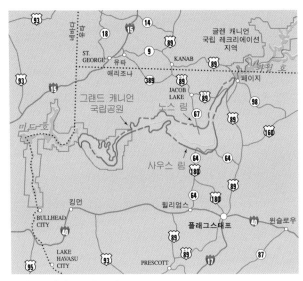

그랜드 캐니언으로 가는 길.

다음 방문자 센터를 지나서 고원의 정상에 있는 전망대에서 아래쪽을 내려다보며 조망하는 방법이 있다. 주로 사우스 림에서 조망하게 되는데 마주 보이는 곳이 노스 림이다. 전체적으로 협곡을 관찰하기 좋고 무엇보다 시간이 촉박한 사람들에게 알맞은 방법이다.

그랜드 캐니언을 조금 더 알고 싶다면 경비행기를 타고 공중에서 그랜드 캐니언을 만끽하는 방법도 있다. 이 경우 비행 요금이 상당하기 때문에 심사숙고하게 되나 전망대에서 볼 때와는 또 다른 느낌을 준다.

시간을 요하는 전문적인 방법은 헬기를 타고 캐니언 아래쪽에 내려 원주민 당나귀(혹은 노새)를 타고 둘러보는 것이다. 3대 캐니언 중 자이언 캐니언이 가장 인상 깊었던 것도 캐니언 속을 통과하면서 가까이서 관찰할 수 있었기 때문인 것 같다. 그랜드 캐니언도 콜로라도 강을 따라 걸으면서 탐사를 했다면 감동이 훨씬 컸을 것이다.

가장 많은 시간을 투자해야 하고 체력도 뒷받침되어야 하는 방법은 전망대에서 지그재그로 난 길을 따라 협곡의 아래쪽으로 이동하는 방법이다. 브라이트 에인절 트레일(Bright Angel Trail), 사우스 카이바브 트레일(South Kaibab Trail)이 그것인데 약 20km에 달하는 거리로 12시간 정도 소요된다. 코스 중간 중간에 포인트가 있어 1박을 하며 여유롭게 즐기는 사람들에게 적당한 방법이다. 시간에 구애받지 않는다면 느긋한 마음으로 트레킹을 즐기고 지평선 너머로의 일몰 광경까지 감상하면 좋을 것이다.

여름에는 콜로라도 강을 따라 래프팅도 가능하지만 일정이 빡빡한 우리는 전망대에서 내려다보는 것으로 만족해야 했다. 전 세계에서 단일 국가로 가장 관광 수익이 많은 나라 미국의 주 관광 수익은 국립공원 입장료이다 (미국 관광 비자 기한이 6개월인 이유는 미국 관광을 제대로 하려면 차로 6개월 정도 걸리기 때문이다). 그랜드 캐니언 입장료는 대형 버스 한 대당 300달러이다. 브라이스 캐니언은 200달러, 자이언 캐니언은 150달러니 미국은 복을 타고난 나라라고 해도 과언이 아니다.

형성 배경을 둘러싼 의견들

원주민들이 요금를 받고 있는 문을 통과하여 그랜드 캐니언 국립공원에 들어서니 타고 있던 버스 스피커에서 장엄한 클래식 음악이 흘러나왔다. 버스가 숲을 지나갈 때 언뜻언뜻 보이던 그랜드 캐니언의 모습이 웅장한 음악과 어우러져 모두의 감탄을 자아냈다. 야바파이 포인트(사우스 림) 주차장에 차가 세워진 후 관광객들에게 주의 사항이 전달되었다. 그랜드 캐니언의 자연 파괴를 최소화하기 위해 안전 난간을 꼭 필요한 곳에만 설치해 놓았으

이스트 림에서 본 그랜드 캐니언.

야바파이 포인트에서 본 그랜드 캐니언. 경암(단단한 돌)과 연암(무른 돌)의 침식 속도의 차이에 의해 마치 계단처럼 보인다.

야바파이 포인트에서 본 보링(boring) 셰일.　　그랜드 캐니언에서 발견된 암모나이트 화석.

니 관람할 때 특히 조심하라는 것이었다.

같이 버스를 타고 온 사람들이 전망대로 향하는 발길 뒤 입구 쪽에 우리의 눈길을 잡아끄는 것이 있었다. 과거 바다에 살던 조개가 함께 퇴적된 바위 덩어리가 1000m가 넘게 융기하여 지금과 같은 고도에서 나타나고 있었다. 우리가 서 있던 곳은 카이바브 석회암층으로 해저에서 형성된 지층이었다. 이 지층에서는 조개 등이 빠져나가고 남은 구멍이 송송 뚫린 암석(보링 셰일)을 쉽게 발견할 수 있다.

지층의 형성에 대해서는 동일 과정설로 설명하는 것이 일반적이다. 과거 지질 시대에도 현재 지구상에서 일어나고 있는 지각의 변화와 똑같은 지각 변화가 똑같은 속도로 일어났다고 하는 이론으로, 그랜드 캐니언의 형성도 동일 과정설로 이해하는 것이 일반적이다. 물론 과거와 현재는 주어진 자연 환경이 다르므로 동일 과정의 법칙을 받아들이되 조금씩 변화해 가는 자연계라는 생각을 토대로 이해해야 할 것이다.

그랜드 캐니언의 형성을 동일 과정설이 아닌 다른 각도에서 보는 시각도 있다. 그랜드 캐니언 주변의 거대한 퇴적 지층은 엄청난 대홍수에 의하여 단기간에 퇴적되었고, 대홍수 후 자연적 댐에 갇혀 있던 거대한 물이 한꺼번에 빠져나가면서 협곡이 형성되었다는 이론으로 흔히 격변설이라고 한다. 콜로라도 강 상류 지방에 한반도 넓이 2배 정도의 거대한 물웅덩이가 자리 잡고 있다가(노아의 홍수처럼 엄청난 강우가 있었을 것을 가정한다) 2번에 걸쳐 물꼬가 터지면서 엄청난 물이 쏟아져 내려가 땅이 파여 그랜드 캐니언의 기초를 만들었다는 것이다. 이 주장은 1992년부터 지질학계에서 인정되고 있다.

데이비스(W. M. Davis)의 지형 윤회설로 설명하자면 그랜드 캐니언은 지금 유년기 내지는 장년기이다. 지금도 콜로라도 강은 시뻘건 황토와 함께 흘러 내려가면서 계곡을 침식시키고 있다. 때때로 융기와 침강을 반복하면서 부정합을 형성하기도 한다.

실재하지 않는 것 같은 땅

다른 팀보다 늦었지만 우리도 서둘러 야바파이 포인트로 향했다. 답사를 준비하면서 읽은 책 가운데 그랜드 캐니언을 처음 보았을 때의 느낌을 적은 것이 있었다. 그 책의 저자는 사람들이 하도 '그랜드 캐니언 그랜드 캐니언' 해서 일부러 보지 않으려고 했다. 소문난 잔치에 먹을 것 없다고, 한껏 기대하고 갔는데 막상 대하면 기대에 미치지 못하는 곳이 많았기 때문이다. 그는 그랜드 캐니언에 대해서도 큰 기대를 하지 않고 야바파이 포인트로 향했다. 멀리서 사람들이 보였지만 특별한 것이 보이지는 않았다. 하지만 야

야바파이 포인트에서 바라본 그랜드 캐니언. 지평선처럼 보이는 곳이 노스 림이다.

바파이 포인트 앞에 선 순간 그는 숨이 헉 멎으면서 한동안 아무 말도 하지 못했다. 그의 표현에 의하면 땅이 사라졌다고 했다.

내게는 어떤 감정으로 그랜드 캐니언이 다가올지 사뭇 기대가 되었다. 앞서 간 사람들의 감탄사를 들으면서 서둘러 전망대 앞에 섰다.

"아, 이거였구나!"

이것도 나중에 글을 쓰면서 나온 말이지 그 당시에는 아무 말도 할 수가 없었다. 아니 아무 말도 나오지 않았다. 평상시 그렇게도 열심히 찍어 대던 사진 촬영도 잠시 동안은 중단이었다. 머릿속에서 상상해 왔고 사진을 통해서 무수히 보았던 그림이었지만 실제로 보는 감동은 말로 표현할 수 없었다. 그야말로 자연의 위대함 그 자체였다. 그 광활함도 그 깊이도 그때까지 접했던 지형과는 완전히 차원을 달리했다.

이 지구에 실제로 존재할 수 없을 것만 같은 지형이, 편리한 교통수단을 통해서 너무도 편하게 올 수 있는 곳에, 원형을 잃지 않은 채 버티고 있었다. 더구나 그곳에 퇴적되어 있는 지층은 모두 고생대나 그 이전의 지층이었다. 중생대나 신생대 지층은 찾아볼 수 없었다. '지금 우리가 딛고 서 있는 이곳이 고생대 말기의 지층이구나. 그럼 지금부터 몇 년 전의 땅이지?

야바파이 포인트에서 본 레드월 석회암. 다른 지층
에 비해 두꺼운 것으로 보아 오랫동안 해저에서 퇴
적된 지층임을 알 수 있다.

사우스 림의 카아바브 석회암층.

2억 5000만 년 정도 되나?

언젠가도 지질 시대와 가슴 설레며 조우했던 적이 있다. 친구들끼리 간단
한 답사팀을 꾸려 우리나라에서 보기 드문 신생대 지층을 답사할 때였다.
목표했던 경상북도 포항시 남구 동해면 금광리에 도착했으나 여름이라 수
풀이 무성하여 노두(露頭)를 찾기가 쉽지 않았다. 겨우겨우 산지의 절단면
을 찾아냈는데 앞에 자그마한 냇물이 흐르고 있어 다가서기가 쉽지 않았다.
그러나 오롯이 제 모습을 드러내고 있는 지층을 본 순간 저도 모르게 냇가
로 내려섰다. 아직 완전히 딱딱한 돌덩어리로 굳기 전이었는지 손으로 지층
의 한 부분을 뽑자 쉽사리 뽑혀 나왔다. 거대한 호수 바닥에서 오랜 세월 동
안 차곡차곡 퇴적된 지층, 이른바 호성층(湖成層)이었다. 셰일로 구성된 지
층 하나의 두께가 종잇장보다 더 얇았던 기억이 난다. 그날 그 지층들 사이
에서 서서히 화석이 되어 가는 나뭇잎들을 수도 없이 관찰했다. 마땅히 보
존되어야 할 곳이 너무나 황폐하게 방치되어 있는 것이 안타까웠다.

그랜드 캐니언은 어떠한 치장도 하지 않은 자연 그대로의 모습으로 우리들의 마음을 사로잡고 발길을 묶어 놓았다. 다음에 또 이곳에 올 기회가 생긴다면 그때는 꼭 트레킹에 도전해 보리라.

인솔자가 외치는 소리에 퍼뜩 정신이 들었다. 갈 시간도 되었거니와 일행 중 한 명이 길을 잃는 사고가 났다. 아마도 그 사람은 우리가 이미 떠났다고 생각하고 서둘러 버스를 찾아 떠난 것 같았다. 수소문 끝에 겨우 찾았지만 그 사이 시간이 많이 지체되어 서둘러 다음 코스로 이동했다. 일부는 아이맥스 영화관에서, 일부는 경비행기를 타고 그랜드 캐니언과 만날 준비를 하였다.

하늘에서 본 그랜드 캐니언

19명이 탈 수 있는 경비행기를 타고 이륙하여 처음 본 것은 넓고 평탄한 유년기 원지형 위의 자갈층 퇴적물이었다. 멀리 건조 기후 지형(페디플레인, 도상 구릉)이 보였다.

2억 5000만 년 전 이곳은 거대한 내륙의 따뜻한 바다였고 해저에 흙과 모래가 퇴적하여 퇴적층이 형성되었다. 그래서 그랜드 캐니언의 상부를 구성하고 있는 카이바브 지층에서는 패각류와 바다 생물이 나타난다. 대규모 지각 변동은 해저 지층을 뒤틀고 융기시켜 로키 산맥과 주변의 넓은 고원을 만들어 냈다. 200만 년 전에는 콜로라도 강이 형성되었다. 이 콜로라도 강과 풍화 작용이 합작하여 협곡을 만들고 넓이와 깊이를 더했다.

그랜드 캐니언은 현재도 더 넓어지고 깊어지고 있다. 붉은 강이라는 뜻의 사행천인 콜로라도 강은 5년에 약 2.5cm씩 강바닥을 파 내려가고 있다. 석회암, 사암, 혈암 등 무른 바위는 내리는 비에 의해 풍화, 침식되어 50년 후

하늘에서 내려다본 그랜드 캐니언.

에 그랜드 캐니언에 다시 온다면 협곡의 깊이가 30cm 정도는 더 깊어져 있을 것이다.

골짜기는 수직으로 좁고 깊게 파여 있었다. 수직 절벽에는 서로 다른 퇴적층이 교대로 나타났는데 단단한 바위에서는 완경사면, 무른 바위에서는 급경사면을 이루었다. 맨 위 퇴적층은 사면이 계단 모양을 나타내기도 했다. 강폭은 굉장히 좁았는데 고도가 높아질수록 넓어졌다. 강물이 붉은색에서 청록색으로 바뀌는 곳도 있었는데, 이렇게 색깔이 달라지는 것은 침식물의 종류와 수량이 다르기 때문이다. 계곡을 따라 일반 도로가 보였다.

점심 식사 후 다시 그랜드 캐니언으로 발길이 이어졌다. 오전에는 주로 그랜드 캐니언의 사우스 림 중 야바파이 포인트나 마더 포인트에서 관람이 이루어졌고, 오후에는 이스트 림 쪽을 돌아보기로 되어 있었다. 이스트 림으로 가는 길 주변에는 상당히 많은 나무가 자라고 있었다. 막연하게 그랜드 캐니언은 불모지가 아닐까 생각했고 실제로 야바파이 포인트에서 본 모습도 지표에 식생이 빈약했다. 하지만 비행기에서 본 그랜드 캐니언은 여름이어선지 초록빛을 강하게 띠고 있는 것이 거주 지역으로도 괜찮아 보였다.

이스트 림의 데저트 뷰포인트에 도착했다. 아메리카 원주민이 만들었다는 데저트 뷰포인트 전망대는 경주에 있는 첨성대를 연상하게 했다. 전망대

내부에서 위로 올라가는 길은 빙글빙글 돌며 올라가게 되어 있는 나선 계단이었고 벽면에는 원주민이 그린 벽화가 있었다. 전망대 벽 중간 중간에 나 있는 구멍으로는 외부의 경관을 관찰할 수 있었다. 아주 커다란 메사와 야바파이 포인트에서는 잘 볼 수 없었던 콜로라도 강의 물빛이 보였다. 전체적으로 더 가까이서 그랜드 캐니언을 보는 느낌이었다.

전망대의 1층에서는 원주민 할머니가 베를 짜고 있었는데 그녀와 사진을 찍으려면 돈을 내야 했다. 미국에서는 어딜 가든 무엇을 하든 다 돈과 연결되었다. 원래의 아메리카 원주민은 이렇지 않았을 텐데 미국의 자본주의가 그들의 순수성을 파괴시킨 것 같았다. 사막 개발 중 멸종되고 있는 사막거

데저트 뷰포인트 전망대
내부의 벽화.

이스트 림에 있는 데저트 뷰포인트.

이스트 림의 데저트 뷰포인트 전망대에서 본 메사.

북이 발견되면 헬기가 와서 집단 서식지로 옮겨 주면서, 원주민에 대한 정책은 왜 그리 고약한지 모르겠다. 그랜드 캐니언은 아메리카 원주민이 살고 있는 곳이라고 알고 왔는데 막상 그들과 관련된 곳을 본 것은 이스트 림에서 본 전망대뿐이었다.

도로변에 늘어선 원주민의 슬픈 역사

89번 US 도로변에 나바호 족 보호 구역이 끝도 없이 펼쳐졌다. 한참을 달리니 나바호 족이 만든 수공예품을 전시 · 판매하는 건물이 보였다. 차에서 내려 그들의 생활상을 구경하고 싶은 생각이 굴뚝같았으나 매정한 자동차

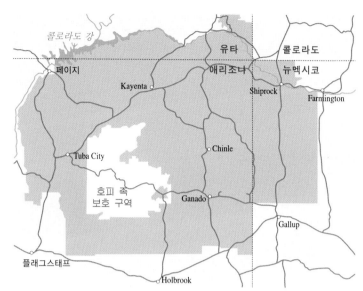

나바호 족 보호 구역. 가운데 흰 부분은 호피 족 보호 구역이다.
출처 : http://cpluhna.nau.edu/Maps/navajo_rez.htm

는 고속도로에서 차를 세울 수 없음과 일정을 핑계로 그냥 지나쳐 버렸다.

4000여 년 전 이 땅에 도착한 원주민들은 어떤 마음으로 이 땅과 만났을까? 그들이 생활했던 유적지나 백인들에 의해 전해 내려오는 이제는 전설이 되어버린 사건들과 그들이 남긴 문자를 통해서 보면 아메리카 원주민들은 자연을 경외하며 살았다. 시애틀 추장이 남긴 글을 보면 그들이 땅과 자연에 대해 얼마나 경건한 마음을 가지고 있었는지 알 수 있다.

"그대들은 어떻게 저 하늘이나 땅의 온기를 사고 팔 수 있는가? 우리로서는 이상한 생각이다. 공기의 신선함과 반짝이는 물을 우리가 소유하고 있지도 않은데 어떻게 그것들을 팔 수 있다는 말인가? 우리에게는 이 땅의 모든 부분이 거룩하다. 빛나는 솔잎, 모래 기슭, 어두운 숲속 안개, 노래하는 온

갓 벌레들. 이 모두가 우리의 기억과 경험 속에서는 신성한 것들이다."

– 1854년, 워싱턴에 있는 미국 대통령에게 '시애틀' 추장이 보낸 편지. 시애틀이란 지명은 이 추장의 이름에서 유래된 것이라고 한다.

미국의 원주민 부족 가운데 가장 인구가 많은 부족은 나바호 족이다. 약 15만 명의 인구가 뉴멕시코 주 남북부와 애리조나 주, 유타 주 남동부에 흩어져 살고 있으며 일족 관계에 있는 아파치 족이 쓰는 말과 마찬가지로 아타바스카 어족에 들어가는 언어를 사용한다. 나바호 어는 제2차 세계 대전 때 암호로 사용된 것으로 유명하다. 나바호 어는 문자가 없어 암호로 사용되기에 적합했고, 제2차 세계 대전 전까지 독일 언어학자들은 어느 누구도 이 언어를 연구한 적이 없었다는 점이 강점으로 작용했다.

초기 나바호 족은 아파치 족의 영향을 많이 받았으나 현재의 나바호 족은 푸에블로 족으로부터 더 많은 영향을 받았다. 농사를 가장 중요한 생계 수단으로 삼은 점과 한곳에 정착하려는 경향은 푸에블로 족에게서 영향을 받은 부분이라 할 수 있다. 양, 염소, 소를 길렀으며 곳에 따라서는 목축이 농사보다 앞선 생계 수단이 되기도 했다. 푸에블로 족은 농업뿐만 아니라 예술 부분에도 영향을 미쳤다. 나바호 족 의식에서 쓰이는 모래 그림, 널리 알려진 나바호 융단이나 채색 도기 같은 것이 모두 이러한 영향을 보여 주는 흔적이다.

그러나 나바호 족은 중앙 집권적인 부족 조직이나 정치 조직이 없다는 점에서는 아파치 족과 비슷하다. 옛날에는 작은 규모의 친족 집단으로 조직되어 있었으며 각 집단마다 우두머리가 있었다. 혈연보다는 사는 곳을 중심으로 관계가 맺어졌는데, 이와 비슷한 집단이 아직도 꽤 남아 있으며 대부분 선거를 통해 우두머리를 뽑는다.

나바호 족은 아파치 족처럼 넓은 지역을 습격하지는 않았지만 습격의 정도는 심각해서 1863년 미국 정부는 킷 카슨 연대장에게 진압을 지시했다. 이 진압으로 인해 막대한 인적·물적 손실이 있었고, 8000명가량 되는 나바호 족은 메스칼레로 족 400명과 함께 뉴멕시코 주 산타페에서 남쪽으로 290km 떨어진 곳에 있는 보스크리돈도에 갇혀 살게 되었다. 1864~1868년의 4년간 계속된 이 감금 상태는 아직도 완전히 사라지지 않은 불신과 쓰라림을 유산으로 남겼다.

나바호 족 보호 구역은 6만 4000km²가 넘는 넓은 땅이다. 그러나 이 지역은 대체로 땅이 메말라 생계를 충당할 정도로 농사를 짓거나 가축을 기르기에는 알맞지 않다. 따라서 수천 명에 이르는 나바호 족은 자신들이 살던 구역을 떠나 임시직 노동자로 생활을 꾸리고 있고, 상당수는 콜로라도 강

나바호 족 보호 구역 내의 수공예 센터.

하류에 있는 관개 지역과 로스앤젤레스 등지에서 생활하고 있다.

　나바호 족 보호 구역 내의 지형 또한 건조 지형의 연속이었다. 도로변을 따라 붉은 사암들의 향연이 펼쳐지는 듯했다. 마식 작용으로 그랜드 캐니언에 비해 암석의 표면이 상당히 부드러웠고 고운 무늬가 새겨져 있었다. 모하비 사막에서는 좀처럼 볼 수 없었던 워시(wash, 와디와 같은 의미)도 선명하게 펼쳐져 있는 걸 보니 이곳의 강수량이 좀 더 많은 것 같았다.

　상부가 경암인 지층은 침식에 강해 윗부분이 평평한 큰 규모의 메사들이 많았으나, 이 경암마저 침식된 곳은 아래 부분의 연암층이 급속도로 침식되고 있었다. 상부가 경사를 이루면서 물이 흐른 골을 따라(릴 침식 : 사면을

나바호 족 보호 구역 내의 워시. 비가 그친 지 얼마 되지 않아 빗물이 흘렀던 흔적이 확실하게 보인다. 워시 주변만 식생이 약간 보일 뿐 나머지 지역은 황량하다.

따라 빗물에 의한 침식이 일어나 가늘고 긴 도랑을 형성하는 것) 곳곳이 자그마한 지형으로 분할되고 있는 중이었다.

며칠 동안의 강행군으로 저절로 내려오는 눈꺼풀을 어쩔 수가 없었다. 차 안이 고요했다. 얼핏 보니 늘 유쾌하고 에너지가 넘쳤던 우리의 인솔자마저 꾸벅꾸벅 졸고 있었다. 자다 깨다를 반복해도 여전히 황량한 지형은 계속되었다. 한국에 돌아가서도 이 장면들이 기억날까? 나바호 족 보호 구역을 지나며 느꼈던 언짢았던 감정들이 되살아날까? 고향을 아메리카라는 괴상망측한 이름으로 백인들에게 내준 원주민의 심정은 어떨까? 이날 본 원주민의 땅은 모든 것을 다 내주고 주름살만 남은 초라한 노인네의 모습이었다.

애리조나의 북쪽에서 손만 뻗으면 유타로 간다

한참을 달려 도착한 이날의 숙소 페이지는 애리조나 주와 유타 주의 경계에 있다. 콜로라도 강과 글렌 캐니언 댐 주변에 위치한 페이지는 라플린보다 규모는 작지만 라플린처럼 퇴직한 노인들이 많이 거주하는 사막 휴양 도시이다. 애리조나 주의 북동쪽에 위치하며 주도인 피닉스에서 북쪽으로 5시간, 라스베이거스 동쪽으로 5시간 거리에 있다. 페이지라는 도시 이름은 개발 당시 감독관이었던 존 페이지(John C. Page)의 이름에서 유래한다.

1957년 글렌 캐니언 댐을 건설하는 노동자의 임시 거주지로 도시의 역사가 시작되었다. 이후 영구 거주지가 들어서면서 파월 호 거리(Lake Powell Boulevard)를 따라 교회들이 들어서기 시작했다. 오늘날 파월 호 거리는 이 지역 사람들에게 교회 거리(Church Row)라고 불린다. 댐이 건설되는 7년 동안 페이지는 연방 자치 단체였다가 1975년 3월 1일 시(city)가 되었다. 현

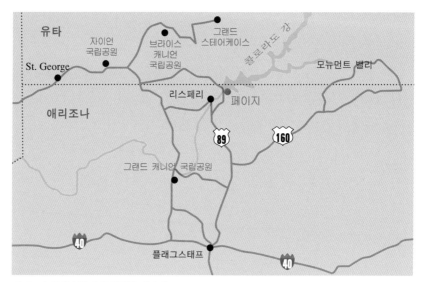

애리조나 주의 최북단에 위치한 페이지.

재 인구는 9000명이 약간 넘으며 주민의 대부분이 모르몬교 신자이다. 글렌 캐니언 댐과 파월 호는 남서부 주들의 주요한 전력 공급지이자 수자원 공급 지이며 연간 300만 명 이상이 방문하는 주요 레저 지역이다.

밤에 보는 페이지는 아담하고 정이 가는 도시였다. 십자가를 세우지 않는 다는 모르몬 교회가 많이 보였다. 미국의 도시에서는 되도록 밤에 외출하는 것을 삼가라던 여행 책자의 말이 무색하게 페이지는 치안 자체가 별로 필요 없는 도시였다. 밤 9시가 넘어 도시를 구경하기 위해 돌아다녀도 안전에 관한 걱정은 되지 않았다. 지나가던 10대가 일본인이냐고 물어서 한국인이라고 대답해 준 것을 제외하고는 말을 붙이는 사람도 위험스러울 것도 없는 편안한 곳이었다. 우리에게 말을 붙였던 10대도 "Oh, Korean!" 하고 호감을 보였을 뿐 특별히 경계하거나 주의를 하는 것 같지 않았다.

페이지의 골프장. 사막에 글랜 캐니언 댐의 물을 끌어들여 골프장을 꾸며 놓았다.
출처 : http://www.cityofpage.org

　역시 야간 세미나는 피할 수가 없었다. 아무리 피곤함을 얼굴에 덕지덕지
붙이고 있어도 아랑곳없이 일정대로 밀고 나갔다. 막상 장이 펼쳐지자 각자
가 궁금하게 생각했던 내용이 기탄없이 나왔다. 그랜드 캐니언의 지질 구조
와 화석 및 식생에 대한 토론이 있었고, 우리의 먼 이웃이었던 아메리카 원
주민에 대한 생각들도 중요한 논쟁거리가 되었다.

　밤 11시, 육지의 바다라는 사막의 어둠을 배경으로 별이 보이는 야외 수
영장에서 수영을 했다. 이날의 숙소에는 세탁기까지 있어 그동안 밀렸던 속
옷이며 양말을 깨끗하게 빨 수 있어 상쾌했다. 또 하루가 갔다. 내일은 내일
의 사막의 해가 뜰 것이다.

캐니언으로의 여행

■ 8월 4일 : 페이지 → 브라이스 캐니언 → 자이언 캐니언 → 라스베이거스

아침 일찍 숙소 앞에 있는 글렌 캐니언 댐과 파월 호에 잠시 들렀다가 브라이스 캐니언으로 이동했다. 선셋 포인트에서 바라본 브라이스 캐니언은 수많은 사람들이 줄지어 서 있는 원형 극장을 떠올렸다. 브라이스 캐니언은 후두의 붉은색과 크림색이 푸른 하늘빛과 어우러져 가히 환상적이라 할 만했다. 그러나 자이언 캐니언으로 들어서자 브라이스 캐니언의 아름다움이 무색해졌다. 무엇보다 협곡 아래에서 자이언 캐니언을 바라보았기 때문에 자연의 아름다움과 신성함이 더욱 깊이 느껴졌던 것 같다. 자연의 정취에 젖어 있다 늦은 오후에 유흥과 도박의 도시 라스베이거스에 도착했다.

부채꼴 모양의 거대한 댐

전날에 이어 새벽 4시 30분 기상. 3시간 정도 잤을까? 몸이 천근만근이었지만 답사기를 써야 하는 날이라 정신 바짝 차리고 다녀야 했다. 열심히 하겠다는 다짐은 섰지만 과연 굵직한 코스가 여러 개인 이날의 일정을 다 감당해 낼지 자신이 없었다. 이날의 출발지인 페이지는 애리조나 주! 애리조나 주에서 출발하여 브라이스 캐니언 국립공원과 자이언 국립공원이 있는 유타 주로, 유타 주에서 다시 네바다 주의 라스베이거스로 이동하는 것이 이날의 일정이었다. 하루 동안 50개 주 중에서 3개 주를 돌아다니는 셈이었다.

전날 밤 우리가 묵었던 페이지의 베스트웨스턴 호텔 앞에 파월 호와 글렌 캐니언 댐이 있다. 파월 호는 콜로라도 강의 상류에 글렌 캐니언 댐(1956~1964년)이 완공되면서 형성된 대규모의 인공 호수이다. 이 호수는 지름 300km, 호안선 길이 3100km에 이르는 거대한 미로형의 호수로 호수 안에 물이 가득 차는 데 17년이 걸렸다고 한다. 호수 주변의 암벽은 흰색과 적색이 경계를 이루고 있는데, 이는 적색 기반암의 성분 일부가 물에 용해되어 흰색으로 변색된 것으로 그 경계 부분이 호수의 최고 수위를 알려 주는 표시가 된다.

콜로라도 강의 하류로 좀 더 내려가면 글렌 캐니언 댐과 파월 호보다 더 잘 알려진 후버 댐과 미드 호가 있다. 후버 댐은 5년 만에 완공된 댐으로 착공 당시(1931년) 의회를 비롯한 많은 사람의 반대가 있었지만, 후버 대통령의 강력한 의지로 공사가 강행되었다. 결국 1947년 그의 공적이 인정되어 댐의 이름도 볼더 댐에서 지금의 후버 댐으로 바뀌었다.

후버 댐은 미국 최대의 콘크리트 댐으로 높이가 221m에 이른다(우리나

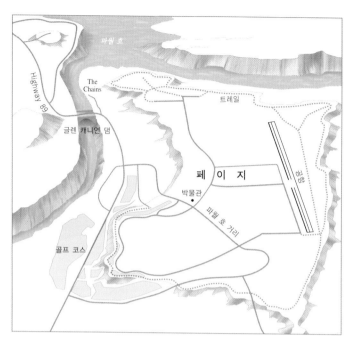

파월 호와 페이지 주변 지형.

글렌 캐니언 댐과 파월 호. 콜로라도 강이 운반해 오는 대량의 토사가 후버 댐의 미드 호에 유입되는
문제를 해결하기 위해 콜로라도 강 상류에 건설된 댐과 호수이다.

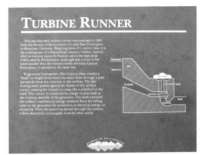

글렌 캐니언 댐의 터빈. 6개의 터빈이 수압에 의해 회전하여 전력을 생산한다.

라 63빌딩의 높이는 264m). 후버 댐은 막중한 수압을 견딜 수 있도록 전체적으로 부채꼴 형태를 이루고 있는데 폭의 차이가 워낙 커서 눈으로도 확연하게 구별된다. 후버 댐은 외형이 거대한 만큼 실제 이용도에서도 큰 비중을 차지한다. 17개의 발전기에서 생산되는 전력량은 연간 40억kw에 이르러 50만 가구가 1년 동안 사용할 수 있는 전기를 공급한다. 라스베이거스의 화려한 네온사인도 후버 댐 없이는 이루어질 수 없는 셈이다.

이처럼 1936년에 이미 완공되어 엄청난 양의 저수량과 발전량을 자랑하는 후버 댐이 있는데, 왜 콜로라도 강 상류에 또다시 대규모의 댐과 호수가 건설된 것일까? 이유는 후버 댐 건설 후 형성된 미드 호의 바닥이 호수로 유입되는 엄청난 양의 토사로 인해 얕아지는 것을 막기 위해서였다. 후버 댐 북쪽에 있는 미드 호는 미국에서 가장 넓은 인공호로, 주변 지역은 국립 레크리에이션 지역으로 지정되어 수상 스키나 낚시 등을 즐기는 이들로 일년 내내 붐빈다. 또한 물이 부족한 네바다 주와 캘리포니아 주의 식수원으로 활용되는 등 쓰임새가 크다.

결국 글렌 캐니언 댐은 후버 댐이 가지고 있던 문제점을 해결하기 위해 건설된 것이다. 후버 댐과 동일한 공법으로 건설되었으며 막중한 수압을 견딜 수 있도록 부채꼴 형태를 이루고 있다. 담수호의 수압을 이용하여 6개의 터빈을 회전시켜 전력을 생산하고 있는데, 이와 같이 댐 자체의 낙차보다는 막대한 수압을 이용한 발전 양식을 저낙차식 발전이라고 한다. 서울 및 수도권 지역에 하루 260만 톤의 물을 공급하는 취수원인 팔당 댐이 이와 같은 양식으로 만들어진 대표적인 예이다.

글렌 캐니언 댐의 엄청난 규모에 놀라는 것도 잠시, 다시 발길을 돌렸다. 댐에서 빠져나오는 길에 반용부 교수님이 나지막이 노래를 불렀다. "Oh Danny Boy the pipes the pipes are calling from glen to glen and down the mountain……." 드라마에 삽입되기도 하여 우리의 귀에 익숙한 아일랜드 민요 '대니 보이(Danny Boy)'였다. 가사에 'glen'이란 단어가 반복되었다. 빙하가 파 놓은 협곡을 뜻하는 글렌(glen)이란 단어를 상기시켜 주는 교수님의 센스!

뜻밖의 선물

페이지에서 유타의 브라이스 캐니언 국립공원까지는 보통 2시간 정도가 걸린다. 예외적인 몇 번의 경우를 제외하고 대체로 우리가 예측하고 계산해 놓았던 예상 시간과 실제 이동 시간은 거의 맞아떨어졌다. 미국은 우리나라와 달리 고속도로에서의 교통 체증이 거의 없어, 달리는 차량의 시속으로 이동 거리를 나누면 이동 시간이 대략 나왔다. 예측할 수 없는 고속도로 사정

브라이스 캐니언 국립공원으로 가는 길에 있는 황토색의 사행천.

으로 예상 시간에 맞추어 다니기가 힘든 우리나라와는 사정이 많이 달랐다.

브라이스 캐니언 국립공원으로 가는 길에 넓은 들을 차지하고 한가로이 풀을 뜯고 있는 말과 소, 건초 더미는 이 일대가 목축지로 이용되고 있음을 확인할 수 있는 경관이었다. 미국의 고기 값이 왜 싼지 알 수 있었다. 이렇게 넓은 땅에서 가축을 키우는 것이 무에 그리 어려운 일이겠는가?

넓은 들에는 소와 말만 있는 것이 아니었다. 그 굽이를 헤아리기 어려울 정도로 휘어진 곡류 하천들이 펼쳐져 있었다. 오전에 잠시 비가 와서였을까? 황토색의 강을 바라보던 어느 선생님이 던진 한마디에 우리는 잠시 고민에 빠졌다. "저 물을 마셔도 될까요?" 그때 한 선생님이 아마도 마실 수 있을 거라고 했다. 보통 저렇게 황토색으로 물들이는 점토는 입자의 지름이 0.000625mm 이하로 지문에도 끼지 않을 정도로 작기 때문에, 물이 오염되지만 않았다면 마셔도 해가 될 것이 없다고 했다. 아무리 그래도 먹고 싶은 생각이 전혀 들지 않는 빛깔이었다.

그렇지만 그 형상만은 눈에 담고 싶고 사진으로 남기고 싶었다. 그처럼 전형적인 사행천을 어찌 보고만 넘어갈 수 있겠는가. 하지만 달리는 차 안에서 지나쳐 가는 곳을 카메라에 담기란 여간 어려운 일이 아니었다.

멀리 붉은색의 산이 시야에 들어왔다. 다가갈수록 짙어지는 붉은 빛깔,

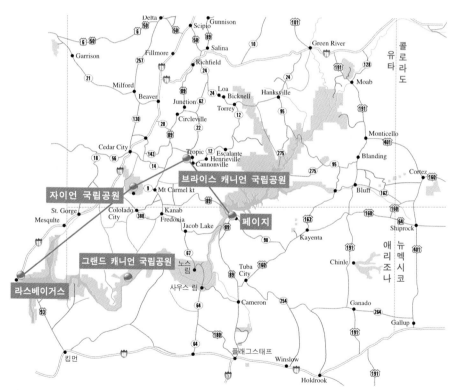

3대 캐니언이 위치한 유타 주와 애리조나 주.

레드 캐니언. 도로상에 있는 아치형 터널과 도로 주변의 붉은 암석과 뷰트.

바로 레드 캐니언이었다. 유타 주에는 자이언 국립공원과 브라이스 캐니언 국립공원 외에도 아치스 국립공원, 캐니언랜즈 국립공원, 글렌 캐니언 국립공원 등 다양한 공원이 있다. 이렇게 많은 국립공원 중 우리가 갈 곳은 아쉽게도 단 두 곳, 자이언 국립공원과 브라이스 캐니언 국립공원뿐이었다. 그런데 브라이스 캐니언으로 가는 길목에 레드 캐니언이라는 뜻밖의 선물을 받은 것이었다.

왕복 2차선밖에 되지 않을 정도로 좁은 도로를 따라 늘어서 있는 레드 캐니언 곡벽 사이로 들어가 레드 캐니언의 모습을 구석구석 돌아보며 브라이스 캐니언으로 향했다. 레드 캐니언에서도 넓고 평평한 경암층이 연암층을 덮고 있는 대지에 침식이 진행될 때 형성되는 탁자 모양의 메사와 뷰트 등을 볼 수 있었다. 선물은 어떤 것이든 언제나 즐거움을 선사한다.

붉은빛 첨탑의 궁전

브라이스 캐니언의 선셋 포인트에 도착했다. 엄청난 군중이 원형의 경기장에 줄지어 서 있는 듯, 붉은색과 크림색이 섞인 듯한 1만 8000여 개의 후두가 빼곡히 들어찬 모습이 장관이었다.

후두(hoodoo)란 건조한 분지의 기저에서부터 튀어나온 길고 가느다란 바위기둥이다. 고원의 가장자리에서 동결 쐐기 작용과 강수에 의한 석회암의 용식 작용으로 침식이 계속되어 형성된 것이다. 밤에 기온이 떨어지면 암석의 틈에 고여 있던 물이 얼어서 부피가 팽창하여 암석의 틈을 벌어지게 만드는 것을 동결 쐐기 작용 또는 서릿발 작용이라고 한다. 이러한 현상이 연간 200회 이상 반복되어 깊은 구멍을 만들고, 약산성의 빗물에 의해 석회암을 작은 입자로 분해하는 용식 작용이 반복되어 후두가 형성된다.

후두의 정상부는 석회암에 비해 상대적으로 용식 작용에 강한 이암과 실트암층이 석회암층을 덮고 있어 침식되지 않고 남아 큼직하고 볼록한 모양을 형성한다. 하지만 지금도 여전히 강수에 의해 연간 1cm 정도가 침식되고 있어 50년에서 100년 뒤에는 후두가 완전히 해체되어 없어질 것이라고 한다.

이날의 푸른 하늘은 후두의 붉은빛을 더욱 돋보이게 만들었다. 후두의 빛

선셋 포인트에서 바라본 브라이스 캐니언의 후두. 후두란 침식 작용의 결과 형성된 길고 가느다란 바위기둥이다.

깔은 구성 물질의 성분에 따라 달라지는데 자주색은 이산화망간, 붉은색은 적철석, 노란색은 갈철석, 흰색은 석회석을 포함한다.

한때 브라이스 캐니언에 살았던 아메리카 원주민들은 '우묵한 그릇처럼 생긴 협곡에 사람처럼 서 있는 붉은 바위들'에 관한 전설을 남겼다. 아주 오래 전 코요테라는 신은 마음에 드는 인간들을 모아 자신이 지정해 준 곳에 마을을 이루어 살도록 하였다. 하지만 욕심이 커진 인간들은 마을을 주변 지역으로 넓혀 나갔고, 이에 분노한 코요테 신은 사람들을 그 자리에서 돌로 굳게 만들고 손에 들고 있던 붉은 물감을 뿌려 버렸다는 이야기이다. 브라이스 캐니언의 지형적 특색을 잘 묘사해 줄 뿐만 아니라 이야기에 메시지가 담긴 듯하다. 자연과 더불어 살던 아메리카 원주민들이 난개발을 일삼으며 자연을 파괴하는 현대인들에게 던지는 경고의 메시지는 아닐는지.

공원을 둘러보다 보니 한 흑인 여자가 골짜기 아래에서 트레킹(도보 여행)을 하고 있었다. 브라이스 캐니언을 제대로 돌아보기 위해서는 계곡 밑으로 내려가 후두 사이사이로 걸어 보아야 한다. 물론 트레킹은 시간적 여유도 있어야 하고 체력도 뒷받침되어야 한다. 트레킹을 하고 있는 여자가 부러워서 한참 동안 바라보았다.

공원의 한쪽 난간에 여러 사람이 모여 있었는데 그 중심에 공원 관리인 (park ranger)이 있었다. 관리인이 관광객들에게 이곳의 지형적 특색을 설

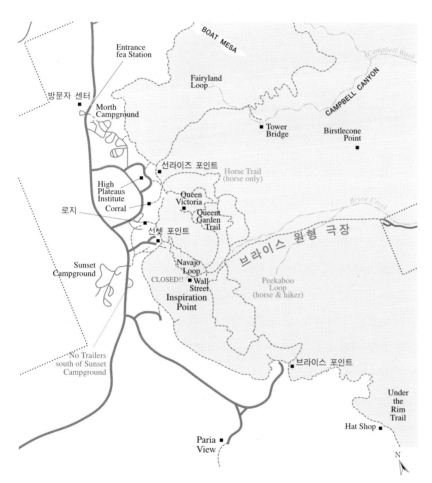

'브라이스 원형 극장(Bryce Amphitheater)'이라 불리는 지역 일대. 선라이즈 · 선셋 · 브라이스 포인 트가 후드를 둘러싸고 있다.

공원 관리인이 관광객에게 브라이스 캐니언에 대해 설명하고 있다.

명해 주고 있는 듯했다. 미국의 공원 관리인은 단순한 관리인이 아니라 미국 연방법에 따라 법적 구속력을 가지고 있는 공원 내 경찰과 같은 역할을 수행한다. 공원 관리인에게 경찰과 같은 권한을 줄 정도로 미국인들의 국립공원 보호는 철저하다. 그러므로 같은 부류의 범죄라도 공원 내에서 발생한 것은 가중 처벌을 한다. 예를 들어, 손님이 승차하지 않은 상태에서 차의 시동을 켜 놓거나 제한 속도를 초과하였을 경우 일반 도로보다 더 많은 범칙금을 내야 한다. 또 3진 아웃법이라 하여 동일한 범법 행위를 3번 반복했을 경우에는 미국 내 국립공원의 출입을 금지시킨다.

선셋 포인트에서 점심으로 스테이크를 먹었다. 미국에 와서 처음으로 맛본 스테이크였지만 그다지 맛있지는 않았다. 우리가 먹은 게 2등급 고기가 맞는 것일까? 미국의 고기는 총 4개의 등급으로 나누어진다. 그중 최고로 좋은 1등급 고기는 군인들에게 제공된다. 이는 국내에 있는 군인들뿐만 아니라 여러 나라로 파병된 재외 군인들에게도 해당된다. 2등급 고기는 자국민에게, 3등급은 수출용, 4등급은 개나 고양이의 사료용으로 사용된다.

결국 이날 우리가 먹은 고기는 2등급이었던 셈이다. 하지만 2등급 고기면 무엇 하겠는가? 재료가 아무리 좋아도 조리법이 우리에게는 맞지 않았다. 우아하게 스테이크를 썰면서도 지글지글 숯불 불판 위에서 앞뒤로 잘 익힌 고기 한 점을 먹었으면 하는 마음이 간절했다.

점심 식사 후 자이언 캐니언으로 가기 위해 다시 레드 캐니언을 통과했다. 오전에 제대로 촬영하지 못해 아쉬웠던 부분들을 다시 촬영할 수 있었다.

신의 정원을 엿보다

점심 식사를 한 곳에서 10여 분을 이동하여 자이언 캐니언의 동쪽 입구에 도착하였다. 동쪽 입구로 들어와 이동하면서 자이언 캐니언을 바라보니 비록 버스 안에서였지만 숨이 막힐 정도로 멋진 경관이었다. 그 어떤 캐니언보다도 자이언 캐니언을 극찬했던 현지 안내인은 이 코스를 위해 특별한 준비를 해 놓았다. 자이언 캐니언과 너무나도 잘 어울리는 음악, 사라 브라이트만의 '아베마리아(Ave Maria)'와 '윈터 라이트(Winter Light)'였다! 버스 안에 울려 퍼지는 아름다운 선율은 우리 모두를 '신의 정원'에 들어와 있는 듯한 환상에 빠지게 하였다.

차창 밖으로는 '성스러운 산'이라는 뜻의 자이언(zion)이라는 명칭에 걸맞는 비경이 펼쳐져 있었다. 아름다운 선율만이 자이언 캐니언의 매력을 돋보이게 했던 것은 아닐 것이다. 아름다운 음악과 더불어 협곡 아래에서 위

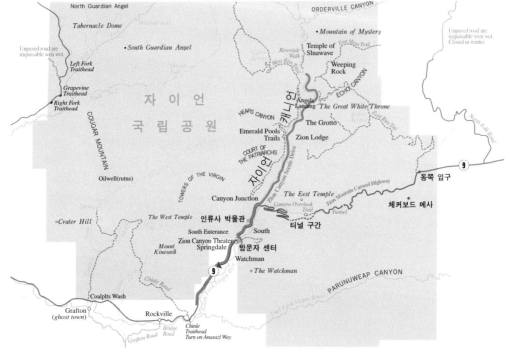

자이언 국립공원 일대.

로 바라보았기 때문에 그 아름다움과 자연의 신성함을 더욱 깊이 느낄 수
있었다. 만약 그랜드 캐니언을 자이언 캐니언처럼 골짜기 아래에서 바라보
았다면 그 또한 이에 못지않게 감동적이었을 것이다.

　자이언 캐니언에 들어서자마자 체커보드 메사가 보였다. 체커보드 메사
는 과거 이 일대가 해수면과 가까운 평평한 분지 상태였을 때 얕은 바다, 해
안 평야, 모래사막 등에서 운반되어 온 입자들이 퇴적되어 형성된 나바호
사암이다. 그 두께가 약 679m에 이르는 이 거대한 사암이 유명한 이유는
이름에서 알 수 있듯이 표면에 장기판 모양의 절리가 아주 선명하게 나타나
기 때문이다.

자이언 국립공원의 체커보드 메사. 체커보드 메사는 두께가 약 679m에 이르는 거대한 나바호 사암이다. 수평 절리는 바람에 의해 퇴적된 사구가 묻힌 뒤 모래가 방해석, 산화철 등과 함께 응집되어 사암을 형성하는 과정에 나타난 것이고, 수직 절리는 팽창과 수축, 기후 변화로 인해 암석의 표면에 나타난 얕은 틈이라 볼 수 있다.

 수평 절리는 바람에 의해 퇴적된 사구가 묻힌 뒤 모래가 방해석, 산화철 등과 함께 응집되어 사암을 형성하는 과정에 나타난다. 수직 절리는 팽창과 수축, 기후 변화로 인해 암석의 표면에 나타난 얕은 틈이라고 볼 수 있다. 수평 절리는 자이언 캐니언 곳곳에서 볼 수 있을 뿐만 아니라 다른 여러 지역에서도 흔하다. 하지만 수직 절리와 함께 나타나는 수평 절리는 그리 흔한 것이 아니기 때문에 체커보드 메사는 지질학적으로 매우 중요한 지형이다.

 흰색과 붉은색이 조화를 이루고 있는 사암 절벽과 눈이 시리도록 푸른 하

자이언 캐니언 사암 표면의 연흔.

늘을 배경으로 사진을 찍은 후 다시 버스에 올라 자이언 캐니언 깊은 곳까지 들어갔다. 사암의 표면에는 부드러운 찰흙 위에 커다란 붓으로 그은 듯한 연흔(ripple mark)이 남겨져 있었다. 연흔이란 지층 표면의 물결 문양으로, 암석에 이러한 연흔이 나타난다는 것은 퇴적 환경이 해안이나 하천이었음을 알려 주는 것이다. 지층의 퇴적 당시에 형성된 것이지만 현재의 사질 해안이나 하천 바닥의 모래땅 표면에서도 볼 수 있다.

곳곳에 남겨진 연흔을 확인하며 조금 더 공원 안쪽으로 들어가니 기암 절벽과 바위산을 관통하는 터널이 나왔다. 이 터널은 후버 대통령의 4대 업적 중 하나로 다이너마이트를 전혀 사용하지 않고 2km 정도의 터널을 뚫은 것이다. 실로 엄청난 공사였을 것이다. 깜깜한 터널 안으로 들어갔을 때 멀리

터널 안에 있는 아치형 전망대에서 본 자이언 캐니언.　　　　　　　　터널 밖에서 바라본 아치형 전망대.

터널 한가운데로 한 줄기의 빛이 들어왔다. 터널 안에 있는 아치형의 전망대였다. ‘우아!’ 하는 감탄사가 절로 나왔다. 버스 안에 퍼지는 아베마리아의 선율과 어둠 속에서 아치형 전망대의 창 너머로 보이는 자이언의 풍경이 모두를 숙연하게 만들었다.

　터널을 빠져나오자마자 지옥의 문이라 불리는 타포니를 볼 수 있었다. 그때 우리가 있던 곳이 천국이었다면 지옥의 문 너머는 지옥이었을까. 자이언 캐니언은 모래의 퇴적으로 형성된 사구가 사암으로 굳어진 뒤 침식 작용을 받아 형성된 지역이다. 비교적 단단한 사암의 특성 때문에 브라이스 캐니언이나 그랜드 캐니언과는 달리 거대한 암석이 많이 남아 있다. 이러한 거대한 암석 표면에 결빙과 융해가 반복되는 물리적 풍화 작용으로 암반이 떨어져 나오는 일종의 박리 현상에 의해 이 같은 지형이 형성되었다. 전라북도 진안의 마이산 남쪽 사면에도 이러한 타포니가 많다.

지옥의 문을 보기 위해 정차한 지점에서 바라본 자이언 캐니언.

    지옥의 문에서 자이언 로지(lodge)를 향하는 길 곳곳에서 지옥의 문과 같은 형태의 타포니들을 볼 수 있었다. 로지에서 잠시 쉬며 기념품 가게에 들렀다. 로지는 매우 한가롭고 조용했다. 기념품이나 산나물을 파는 노천 상점과 음식점이 즐비한 우리나라의 국립공원과는 사뭇 다른 분위기였다.

    자이언 국립공원을 빠져나오면서 이곳이 성경과 관련된 지역임을 증명이라도 하는 듯한 지저스 마운틴을 보았다. 울퉁불퉁한 산의 한쪽 사면으로는 예수가 뒷짐을 지고 올라가고 반대편 사면으로는 마리아와 마리아의 어머니가 예수를 마중하는 듯한 형상을 하고 있었다.

지옥의 문.

환락의 도시 라스베이거스로

자이언 캐니언의 비경을 뒤로하고 유흥과 도박의 도시 라스베이거스로 향했다. 전에는 자이언 캐니언에서 라스베이거스로 이동할 때 후버 댐을 경유하여 갔다고 한다. 하지만 9.11 테러 이후에는 후버 댐 진입이 엄격히 통제되어 30분 정도 돌아서 라스베이거스로 이동했다. 만약 후버 댐이 폭파되면 캘리포니아, 네바다, 애리조나 일대가 위험해지기 때문인데 이동 시간의 문제보다 미국 최대 규모의 후버 댐을 보지 못한다는 점이 아쉬웠다.

메사 위에 발달한 취락과 메사가 많은 지역임을 나타내는 도로 표지판.

　가는 길에 먹구름과 비를 만났다. 여행을 준비하면서 서부 지역은 비가
자주 내리지 않을 테니 우산을 챙기지 말까 했는데 의외로 비가 자주 내렸
다. 내리는 비를 보니 오전에 들렀던 브라이스 캐니언이 생각났다. 이 비로
인해 그곳의 후두는 지금도 침식되면서 서서히 사라질 준비를 하고 있겠구
나……. 유타 주를 빠져나오는 길에서 수많은 메사를 볼 수 있었다. 얼마나
메사가 많은지 '메사의 길(Mesa Blvd)'이라고 적힌 도로 표지판이 있을 정
도였다. 간혹 메사 위에 취락이 발달한 것도 보였다.

　늦은 오후에 라스베이거스에 도착했다. 너무 오랫동안 자연을 벗 삼아 돌
아다닌 때문일까? 오랜 만에 보는 도시 풍경이 반가웠다. 낮에 본 라스베이
거스는 특별할 것이 없었지만 해가 지고 조명이 하나 둘 켜지자 명성대로
화려함을 자랑했고, 세계 각국의 유명 건축물을 본떠 지은 라스베이거스의
화려한 호텔들은 세계 일주를 하는 듯한 환상에 빠지게 했다.

라스베이거스

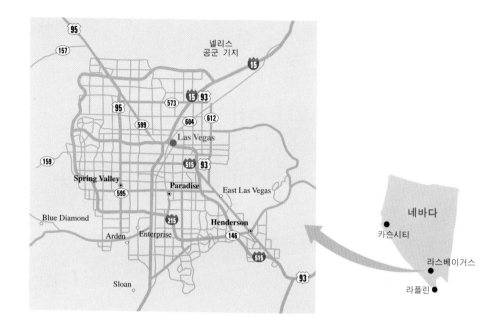

[위치] 네바다 주 남동부 사막 복판에 위치

[인구] 47만 8434명(2000년)

[역사] • 1885년 유타 주에서 온 모르몬교도들이 최초 정착

        • 1864년에 36번째 주로 승격된 네바다 주에 편입

        • 1905년에 샌페드로–로스앤젤레스–솔트레이크 철도가 개통되면서 철도의 중심지로
          성장

        • 1930년대에 후버 댐이 건설되면서 발전이 촉진

[기후] 전형적인 사막 기후

[산업] • 상업과 광산 지역의 중심지

        • 풍부한 물과 고립된 위치 등으로 주위에 원자력 위원회의 폭격·핵폭발 실험장, 넬리
          스 공군 기지, 사격장 등이 입주하면서 방위 산업이 도시 경제에 큰 역할

[문화] 이혼 수속이 간단한 것으로 유명하여 이혼을 목적으로 전국에서 많은 사람이 찾아오기
        때문에 일명 '이혼 도시'라고도 불림

사람이 사막에게
사막이 사람에게 말했다

■ **8월 5일 : 라스베이거스 → 바스토우 → 베이커즈필드 → 프레즈노**

특별한 일정이 없이 캘리포니아의 농장과 사막 경관을 보며 미국의 최대 농경지인 베이커
즈필드를 거쳐 프레즈노로 이동하였다. 고속도로 법규상 주정차가 불가능했기 때문에 농
작물을 가까이에서 보지는 못하고 달리는 차창 너머로 경작지를 바라보았다. 모하비 사막
의 대규모 풍력 발전소도 그렇게 볼 수밖에 없었다.

라스베이거스를 떠나며

호화로운 호텔들이 몰려 있는 라스베이거스 스트립의 꿈속 같은 공간을 누비면서, 다시 오고 싶은 공간을 만들고자 하는 그들의 전략에 내심 놀랐다. 지나치게 상업적이라고 손가락질하면서도 미국은 물론 이탈리아나 프랑스 등 유럽까지 한눈에 볼 수 있다는 흥분감에 시선을 뗄 수가 없었다.

라스베이거스의 호텔들은 카지노가 주는 부정적 이미지를 만회하고 가족 중심의 여행지가 되기 위해 많은 노력을 하고 있다. 그러나 아직까지 라스베이거스는 도박의 도시이다. 화려한 외관과는 달리 호텔의 객실은 검소한 편인데, 시설이 좋으면 투숙객들이 카지노보다 객실에 머무르는 시간이 많아질 것을 염려해서이다. 카지노의 내부 구조에도 심리적인 요소가 다분하

베니션 호텔의 전경. 드라마 '올인'의 촬영지로 베네치아를 느낄 수 있다.

파리스 호텔. 프랑스의 에펠탑을 상징으로 했다.

뉴욕뉴욕 호텔. 뉴욕의 크라이슬러, 세계 무역 센터(WTC) 등 주요 건물들을 본떠 만들었다.

다. 미로형 구조로 되어 있어 화장실을 찾기가 쉽지 않을 뿐 아니라 시계나 창문이 없어 시간 가는 줄 모르게 되어 있다. 카지노 내에서는 음료는 물론 술조차 공짜라니 그들의 배려(?)에 쌈짓돈까지 다 내놓을 수밖에…….

　밤의 라스베이거스는 그야말로 흥분의 도가니였다. 80달러의 거금을 들여서라도 라스베이거스에 와 있음을 한껏 느껴 보리라 생각했다. 10년이 넘게 세계 최고의 쇼라는 찬사를 받아 온 발리 호텔의 쥬빌리 쇼는 돈 없는 여행객들을 잘도 잡아끌었다. 쥬빌리 쇼는 7장의 아메리칸 뮤직으로 구성되어 있으며 현란한 의상을 입은 무희들이 나와 춤을 춘다. 돈 아덴이라는 사람이 만들었으며 파리 샹젤리제 거리의 리도 쇼와 함께 세계적인 명성을 얻고 있다.

벨라지오 호텔 앞 인공 호수의 분수 쇼. 1000개 이상의 물줄기가 시간이 되면 음악에 맞추어 춤을 춘다.

카지노장을 지나고 카메라를 떨쳐 버리고 나서야 쇼 홀의 지정된 좌석에 겨우 앉을 수 있었다. 화려한 의상과 조명, 신기한 무대 장치와 빵빵한 음악, 멋진 배우들, 3박자를 갖춘 쥬빌리 쇼에 잠시 집중했다. 하지만 흥분도 잠시였고 이내 피곤함으로 온몸이 가라앉았다. 그렇게 80달러의 비싼 쥬빌리 쇼를 앞에 두고 어두운 관객석에서 꿈과 현실을 오갔다.

웃통을 벗고 T팬티를 입은 쇼걸들 앞에서 마피아들 간의 갑작스런 결투가 벌어지고, 정의의 편에 선 두목을 좇아 라스베이거스의 밤거리를 도망 다닌다. '그만 있다면 어디를 가도 좋아.' 밤하늘이 유난히 까맣다.

고개를 드는 순간 무대엔 밝은 조명이 켜지고 배우들이 인사를 했다. 관객의 박수 소리에 정신이 아득해졌다. 그 아득함이 낯익었다. 라스베이거스에 도착한 순간부터 라스베이거스를 떠날 것을 두려워한 아득함, 라스베이거스를 동경한 이의 마음이었다.

숙소로 향하는 길은 아까와는 느낌이 달랐다. 라스베이거스의 발상지인 도심 구역으로 들어가 보니 규모와 화려함에서 중심 도로인 스트립 구역과는 차이가 있었다. 그래서 더욱 의미 있는 방문이 된 '프리몬트 스트리트 익스피리언스'. 스트립 구역의 과감한 투자로 손님을 빼앗겨 침체되어 가는 도심의 카지노 호텔들이 옛날의 영화를 되

프리몬트 스트리트의 색소폰 연주자. 복잡한 거리에서 색소폰 연주자의 카리스마는 많은 관광객을 사로잡았다.

찾기 위해 연합하여 4000만 달러를 투자하여 건설한 곳이다.

도심의 프리몬트 스트리트에서는 천장에 매달린 7000만 개의 전구와 박력 넘치는 음악이 함께 펼치는 전자쇼가 빛의 세계로 사람들을 이끌었다. 특히 2004년 6월부터 우리나라 LG의 LED(발광 다이오드) 기술로 더욱 선명한 영상과 음악으로 업그레이드된 전경을 보여 주고 있었다. 가슴이 뿌듯해 옴이 혼자만은 아닌 듯 서로의 얼굴을 쳐다보았다.

환한 대낮의 라스베이거스는 별 볼일이 없었다. 화려한 화장도 요사스런 미소도 볼 수 없었다. 떠나오는 버스 안에서 어느 순간 발견한 라스베이거스의 모습은 몇 개나 되는 가면을 벗겨 낸 늙은 요부처럼 애처로운 모습으로 멀어졌다.

라스베이거스의 풍광을 뒤로하며 라스베이거스가 과연 환락의 도시인가를 자문했다. 위로를 원하고 돈을 잃는 이들의 도시가 과연 환락의 도시가 될 수 있는가? 영화 '라스베이거스를 떠나며(1995)' 의 두 주인공은 환락가

에서 우연히 만나 서로 사랑하게 되고, 라스베이거스에서 느낀 서로에 대한 연민의 정을 마지막 추억으로 간직한다. '절망을 속에 입은 화려함', 라스베이거스가 가진 이중성이 아닐까.

라스베이거스를 떠나오며 '환락'이라는 이름 대신 '연민'이라는 이름의 라스베이거스를 기억에 담았다.

미국에서 소수로 살아간다는 것

사막의 열기가 대단했다. 차창 밖에서 불어오는 열기에 잠까지 달아나 버렸다. 옥수수밭을 둘러싼 스프링클러에서 계속 물이 뿜어져 나오고 있었다. 눈앞을 스쳐 가는 파란 들판, 노란 옥수수밭, 곳곳에 쌓인 건초 더미……. 지평선까지 이어지는 대농원의 거대함에 혀를 내두를 수밖에 없었다. 그 넓은 농원에서 일하는 노동자들의 대부분은 멕시코계라고 한다.

멕시코계의 사람들이 이곳에 자리 잡게 된 데는 이유가 있다. 초기에 미국으로 이민 온 사람들의 대부분은 영국을 중심으로 한 북서 유럽의 백인이었다. 그러나 시간이 흐르면서 미국으로 이민 오는 사람들의 대부분은 유럽인들보다는 가난과 정치적 탄압에서 탈출해 온 개발도상국 사람들이었다. 1970~2000년에 약 2100만 명이 미국으로 이민을 왔다. 그중 85%가 개발도상국에서 온 사람들이었고, 그중 반 이상이 가난한 남아메리카 국가에서 온 이른바 '히스패닉'들이었다. 이런 히스패닉의 급격한 증가는 미국 사회를 크게 바꾸어 2003년에는 미국 인구의 약 12%를 차지하던 흑인을 제치고 제1의 유색 인종으로 자리 잡았다. 미국의 소수로 출발했던 그들이 지금은 유색 인종들 가운데 다수가 되었다.

암석 사막이 대부분인 미국 서부에서 만난 모래사막.

미국의 사막은 물만 끌어오면 훌륭한 농장으로 탈바꿈할 수 있다.

히스패닉계가 거주하는 지역은 과거 멕시코 또는 에스파냐의 영토여서 멕시코 이민자들이 미국의 남서부를 재정복한다고 걱정하는 미국인들도 있다. 에스파냐에서 독립하여 캘리포니아와 애리조나를 차지하고 있던 멕시코와 더 넓은 땅을 찾아 서쪽으로 뻗어 가던 미국과의 전쟁은 당시로서는 불가피했다(멕시코 전쟁). 멕시코군은 미국군의 4배나 되는 대군이었고 자기네 영토에서 싸우는 것이었다. 그런데도 멕시코는 패전하여 미국에게 엄청난 영토를 잃고 말았다.

과거 자기 나라의 땅이었던 넓은 농원에서 노예와 같은 삶을 살고 있는 그들을 생각하면 차라리 이 땅이 원래 주인에게 돌려져야 한다는 생각도 들었다. 현재 멕시코계 이민자들은 자신들의 권리를 주장하며 미국 내에서 차츰 발언권을 확대하고 있다. 머지않아 히스패닉계 대통령이 미국에 등장할지도 모를 일이다. 거기까지 생각이 미치자 미국 땅의 원래 주인인 아메리카 원주민들의 삶이 더욱 비참하게 여겨졌다.

땅을 넓히려는 백인들은 1820년대부터 원주민을 추방하기 시작했다. 미국 내의 특정 지역에 '원주민 보호 구역(Indian Reservation)'을 만들어 모든 원주민들이 그곳으로 옮겨 와 살도록 했다. 원주민들은 살길을 찾아 수백km 떨어진 낯선 보호 구역으로 떠나야 했다. 고향을 지키기 위해 목숨을 걸고 저항하다가 결국은 저항을 포기하고 돌아올 수 없는 길을 떠나야 했던 원주민들은 그 길을 '눈물의 길'이라고 했다. 프런티어 정신의 실현인 미국의 서부 개척은 짓밟힌 원주민들의 역사 위에서 이루어진 어처구니없는 침략이었다.

미국 경제 발전에 결정적인 역할을 한 철도 건설 붐도 원주민들에게는 생존을 위협하는 치명적인 것이었다. 들소는 원주민의 주식이자 모든 생활이 들소와 연결되어 있을 정도로 생존 기반 그 자체였는데, 백인들은 철도 건

제로니모. 1829년에 태어나 미국에 최후까지 저항
했던 아메리카 원주민의 지도자. 아파치 족의 전쟁
추장으로서 10여 년 이상을 애리조나와 뉴멕시코
일대에서 신출귀몰하며 백인과의 전투를 승리로
이끌어 냈다.

아파치 족 여성. 특별한 경우에 입는 옷차림
이며 머리의 깃털은 독수리의 것이다.

설에 방해가 된다는 이유로 들소를 무자비하게 죽였다. 또한 보호 구역 내
에 거주할 권리를 가진 원주민들을 다른 지역으로 강제 이주시켰다.

원주민에 대한 미국의 공식적인 정책은 그들을 인격적으로 무시하는 것
과 특정 지역에서 원주민을 의식적으로 몰아내는 것이었다. 1830년의 원주
민 축출 법안은 모든 원주민들을 미시시피 강 서쪽으로 이동시킬 것을 결정
했고, 급기야 1837년에는 원주민 보호 구역(현재는 오클라호마 주)이 미국
남동부에 살던 모든 부족들의 영구 거처지가 되었다.

미국 서부 개척의 역사는 원주민 눈물의 역사라며, 원주민을 짓밟은 백인
들에게 한바탕 욕을 해 보았다. 하지만 막상 떠올린 아메리카 원주민의 모
습은 노란 피부색에 깃털로 만든 모자를 쓰고 찢어진 천으로 만든 옷을 입
은 무표정한 얼굴이었다. 백인들이 만든 영화의 소품에 지나지 않는, 백인
들의 눈으로 본 반항적인 미개인의 모습 그대로였다. 이러면서 아이들에게

어떻게 아메리카 원주민에 관해서 이야기해 줄 수 있을까? 생존을 위해 최후까지 저항했던 아파치 추장 제로니모의 이야기를 들려줄까? 영국으로 건너가 생을 마친 포카혼타스의 이야기를 들려줄까? 아니면 아무도 모르게 죽어 간 원주민 소년의 이야기를 들려줄까? 나 자신도 색안경을 끼고 보았던 세상을 아이들에게 어떻게 이야기해 줄 것인가?

미국에서 소수로 살아간다는 것은 슬픔 그 이상이다. 미국의 소수에서 유색 인종의 다수로 성장한 멕시코계 이민자들의 경우, 소수로서 겪는 슬픔은 극복되겠지만 유색 인종이 겪는 아픔은 아마도 계속될 것이다. 미국에서 원주민으로 살아간다는 것은 참을 수 없는 억울함 그 이상이다. 소수의 유색 인종인 원주민들을 대하는 미국의 일련의 정책들을 원주민 말살 정책이라는 표현 외에 다른 말을 빌릴 수 있을까?

숲을 지나면 풀 냄새가 오렌지밭을 지나면 오렌지 냄새가 난다

숲을 지나면 풀 냄새가 나고 오렌지밭을 지나면 오렌지 냄새가 났다. 프레즈노로 가는 버스 안에서도 풀을 느끼고 오렌지를 베어 물었다. 이게 바로 캘리포니아의 느낌이라는 생각이 들었다. 신선하고 상큼했다.

캘리포니아를 상징하는 색은 골드, 블랙, 그린의 3가지이다. 골드는 금을 포함한 광산 자원을, 블랙은 석유를, 그린은 농업을 의미한다. 미국 제1의 농업 주답게 캘리포니아는 맑은 날이 많고 겨울이 온화해서 과일과 꽃, 겨울 채소가 풍부하다. 특히 오렌지, 포도, 아몬드, 쌀, 마초 등은 캘리포니아의 5대 농산물이라고 할 수 있다.

캘리포니아 남부의 지중해성 기후 지역에서는 곳곳에 관개 시설을 설치

캘리포니아 주의 효자 농산물 선키스트 오렌지. 알이 통통하여 먹음직스러워 보인다.

휴게소에서 오렌지를 파는 아저씨와 일행 중 한 사람이 포즈를 취했다.

하여 과수와 채소 등을 대규모로 재배하고 있다. 지중해성 기후는 여름이 몹시 건조하고 겨울이 여름보다 습윤하고 온난한 온대 하계 건조 기후이다. 이러한 기후적 특색은 지중해 연안에서 전형적으로 관찰할 수 있어 지중해성 기후라고 하는 것인데 아프리카 서남단, 오스트레일리아 남서부, 칠레의 중부, 미국의 캘리포니아 등 남북위 30~40도 사이의 대륙 서안에도 나타난다. 열대 사막 기후와 서안 해양성 기후의 중간 지대에 분포하는 지중해성 기후는 이들 두 기후의 점이적인 형태라고 할 수 있다.

우리나라의 오렌지 광고에 자주 등장하는 선키스트나 델몬트 같은 상표들은 미국 농업 협동조합의 이름으로 선키스트는 서부 지역 오렌지 협동조합을, 델몬트는 동부 지역 오렌지 협동조합을 가리킨다. 특히 1893년에 설립된 선키스트(Sunkist Growers Inc.)의 전신은 '남캘리포니아 주 과일 및 농산물 조합'으로 세계에서 가장 오래되고 가장 큰 감귤류 마케팅 기구이

망에 담긴 오렌지를 운반하는 트럭. 캘리포니아산 오렌지는 미국 전체 생산량의 30%를 차지한다.

다. 다른 많은 식품 회사들과는 달리 선키스트는 캘리포니아와 애리조나 주에서 활동하고 있는 6000여 감귤 재배업자들이 소유하고 있으며, 대부분이 가족이 운영하는 소형 농가로 이루어져 있다. 이 가운데 2000여 재배업자는 레몬을 생산하고 있으며 오렌지, 레몬, 자몽 등 각종 특산품을 전 세계에 공급하고 있다. 대부분의 식품 회사가 원료 생산자와는 거리가 먼 거대 자본의 소유인 점을 생각하니 선키스트나 델몬트가 주는 이미지가 더욱 의미 있게 보였다.

오렌지는 겨울에 약간의 서리가 내려 나무를 다소 차게 만드는 지역에서 가장 잘 자란다. 토양은 모래가 매우 많은 흙에서부터 진흙이 다소 많은 롬(loam, 모래와 점토가 거의 같은 비율로 섞인 흙)질의 흙에 이르기까지 매우 다양한 조건에서 자라는데, 특히 중간 형태의 토양에서 잘 자란다. 열매는 완전히 익었을 때 따는데, 이는 다른 낙엽수 열매들과는 달리 익기 전에 따면 더 이상 익지 않거나 질이 향상되지 않기 때문이다. 오렌지 나무는 50~80년 또는 그 이상 동안 많은 열매를 맺으며, 수령이 100년 정도로 추정되는 오래된 나무에서도 열매가 맺힌다. 오렌지 나무 한 그루당 7~8달러의 수입을 얻을 수 있다니 그 넓은 농장주의 수입을 알 만도 했다. 캘리포니아산 오렌지는 미국 전체 생산량의 30%를 차지하는 캘리포니아 주의 효자 농산물이다.

포도주의 고장 나파밸리, 건포도의 고장 프레즈노

요즘은 세계 최고의 포도주를 말할 때 프랑스산이 아닌 미국 캘리포니아산 포도주를 논한다. 최근의 한 포도주 관련 인터넷 기사는 상식을 뒤엎는 다소 충격적인 내용이었다.

캘리포니아산 포도주.

2006년 6월, 30년 만에 이루어진 프랑스 보르도산 포도주와 미국 캘리포니아산 포도주의 자존심을 건 재대결에서 보르도산 포도주가 또다시 패배해 명예 회복에 실패했다. 역사와 전통을 자랑하는 보르도산 포도주와 '신세계' 포도주의 대표 주자로 꼽히는 캘리포니아산 포도주의 재대결은 런던과 캘리포니아의 포도주 주산지 나파밸리에서 동시에 진행되었다. 런던과 나파밸리에 모인 포도주 전문가들은 30년 전에 있었던 역사적인 포도주 시음회를 재현했다.

1976년 5월 24일 프랑스 파리에서 열렸던 포도주 시음회는 포도주 산업의 지평을 바꾼 역사적 사건으로 불린다. 미국 캘리포니아산 포도주가 프랑스 보르도산 포도주에 도전장을 낸 이 사건에서 놀랍게도 캘리포니아산 포도주가 최상위 등수를 휩쓰는 이변이 일어났다. 언론인으로서 유일하게 이 대륙 간 포도주 대결을 목격한 미국 타임지의 파리 특파원 조지 테이버는 이 사건을 '파리의 심판'이란 제목으로 대서특필해 전 세계 포도주 애호가들 사이에 큰 반향을 일으켰다.

전통 생산 방식을 고수하고 있는 프랑스 포도주는 최근 과다 생산으로 가격이 떨어지고 있으며, 세계 시장에서 미국과 칠레, 오스트레일리아 등 신대륙의 공세에 밀려 고전하고 있다. 18세기에 에스파냐 선교사들이 전수한 포도 재배 기술과 포도 생산에 훨씬 적합한 캘리포니아의 기후가 세계인의 입맛을 사로잡은 것이다.

미국에서 재배되는 포도의 종류는 약 17가지나 된다. 그중 9가지가 그냥 먹는 포도이며 나머지가 포도주를 담그는 포도이다. 미국의 포도주는 캘리포니아 주와 오하이오 주에서 전국 생산량의 80%를 생산하고 있다. 미국의 동부는 대륙성 기후로 겨울이 너무 추워 포도 재배에 적합하지 않다. 이에 비하여 서부 해안 지방은 포도 재배에 이상적인 기후이다. 특히 세계에서

멘도치노
레이크
나파밸리
소노마밸리
샌프란시스코

북부 연안 지역
중앙 내륙 지역
중부 연안 지역
남부 센추럴 연안 지역

몬터레이

로스앤젤레스

캘리포니아 지역의 포도 재배지.

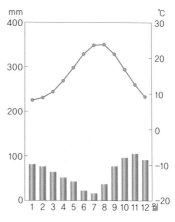

캘리포니아의 기온과 강수량 분포도.

제일 맛있는 포도주를 만드는 곳이 이곳 캘리포니아 나파밸리이다. 샌프란시스코에서 북쪽으로 약 1시간 거리에 있는 나파밸리는 남쪽의 샌파블로 만에서 북쪽으로 길이 48km, 폭 5km에 걸쳐 펼쳐져 있다.

술을 만들 때 사용되는 포도는 당도와 산도가 동시에 높아야 한다. 당도는 알코올 양을 결정하고 산도는 포도주의 향과 맛을 결정하기 때문이다. 이러한 당도와 산도의 조건을 만족시키려면 포도 수확기에 일교차가 커야 하는데, 나파밸리는 여름과 가을에 낮과 밤의 일교차가 15~20℃로 매우 크다. 따라서 나파밸리는 포도주의 메카라 할 수 있다.

나파밸리의 따뜻하고 건조한 기후, 가파른 경사면과 바위 덩어리가 많은 토양은 포도나무가 잘 자라는 데 이상적인 조건을 제공한다. 또한 포도가 자라는 계절에 비가 거의 오지 않기 때문에 유럽처럼 수확 연도에 따라 포도의 질 차이가 크게 나지 않는다. 나파밸리의 포도 생산 지역은 모두 8개로 지역에 따라 조금씩 포도주의 맛과 향에 차이가 난다.

캘리포니아 주 프레즈노.

캘리포니아에서 생산되는 건포도도 빼놓을 수 없다. 캘리포니아 건포도가 만들어지게 된 재미있는 유래가 전해 온다. 한 농부가 게으름을 피우다 포도의 수확 시기를 놓쳐 나무에서 포도 알이 쭈글쭈글 말라 버렸다. 자포자기한 농부는 바닥에 주저앉아 매달려 있는 포도를 따서 먹어 보았다. 그 쫄깃하고 달콤한 맛이란! 그리하여 말라 버린 포도가 상품으로 개발되어 나온 것이 오늘날의 건포도이다. 게으른 농부 덕에 맛난 건포도가 나올 수 있었다니 게으름도 피워 볼 만하다.

프레즈노로 가는 길, 속이 출출하던 참에 들은 달콤한 건포도 이야기는 일행들의 위를 쓰리게 했다. 샌후아킨 계곡에 있는 프레즈노는 일조량이 풍부하고 여름 재배 기간이 긴 데다 근처 시에라네바다 산맥으로부터 물이 풍부하게 공급되어 캘리포니아 지역 건포도의 중심지가 되었다.

이곳 건포도는 8월 말 무르익은 포도송이들이 2~3주 동안 햇빛을 충분히 받으며 건조된 것이다. 건조된 건포도의 수분 함유량을 동일하게 만들기 위해 수분 함유량이 15% 정도 되었을 때 커다란 나무 용기에 집어넣어 적당한 온도를 유지한다. 그 뒤 포장을 위해 각 공장으로 옮겨져 상품화된다. 한국에서 보고 먹던 건포도가 태평양 건너 머나먼 곳에서 한가로이 말라 가는 것이 신기했다.

지나는 길에 본 포도밭에서 석유를 시추하는 모습은 놀라움에 앞서 부러움을 자아냈다. 빽빽한 농작물 사이에서 석유가 솟아나는 축복받은 땅을 가진 미국을 보며 자원 빈약국의 설움을 달랠 즈음, 위안이 되는 얘기가 들려

포도밭에서 석유를 시추하는 모습.

왔다. 미국에서 가장 많이 쓰이는 석유 펌프기의 이름이 홍's 파이프로 우리나라의 홍기출 박사가 고안해 낸 것이라고 했다.

미국은 그동안 깊은 지하에서 석유를 시추하는 데 많은 비용을 투자하였으나 최근에는 홍 박사의 아이디어로 저비용으로 가능하게 되었다. 홍's 파이프는 미국의 독특한 석유 시추 방법으로 메뚜기 모양의 석유 시추 시설이 상하로 움직이면서 펌프 역할을 한다. 파이프 3개를 땅에 박아 첫 번째 파이프로 증기를 쏘아 끈적임이 많은 원유를 녹이고, 두 번째 파이프로 원유를 끌어올린 뒤, 세 번째 파이프로 기름 대신 물을 채우는 방식이다. 물과 기름이 분리되는 성질을 이용하여 원유를 퍼 올린 만큼 물을 집어넣으면 항상 같은 높이에서 석유를 끌어올릴 수 있는 것이다.

줄 맞추어 심어진 아몬드 나무. 원활한 물 공급을 위해 나무 밑에 스프링클러 파이프가 설치되어 있다.

베이커즈필드의 아몬드 농장

잠시 쉬러 들른 베이커즈필드의 한 휴게소, 길 건너편으로 빼곡하게 줄지어 서 있는 나무들은 다름 아닌 아몬드! 울타리도 없는 아몬드 농장으로 냅다 달려간 우리 일행은 카메라 셔터 누르기에 바빴다. 난생 처음 보는 아몬드 나무였다.

아몬드 열매. 복숭아처럼 생긴 열매가 익으면 갈라지는데 그 속에 들어 있는 씨가 우리가 먹는 아몬드이다.

　미국은 전 세계 아몬드 생산량의 80%를 차지하는 세계 제1의 아몬드 생산지로 전량 캘리포니아 주에서 생산되고 있다. 편도(扁桃)라고도 하는 아몬드는 18세기 말 유럽에서 미국으로 건너왔다. 그러나 당시에는 생산량이 워낙 적어 1840년경이 되어서야 상업적으로 재배되기 시작했다. 처음에는 아몬드가 복숭아와 유전적으로 비슷하기 때문에 복숭아가 자랄 수 있는 곳에선 아몬드도 잘 자랄 것이라 생각하고, 미국 동부를 비롯하여 남부·중부에서 재배하기 시작했다. 그러나 이 지역들의 기후 특성상 서리가 늦어 아몬드 개화 때 꽃이 다 떨어지는 데다 습도가 높아 병균에 쉽게 감염된다는 문제점이 있었다.

　이후 1850년대 초, 캘리포니아 개척자들이 새크라멘토·몬터레이 인근 및 로스앤젤레스에서 아몬드 재배에 적합한 환경과 품종을 찾아냈다. 이곳의 기후는 오랫동안 아몬드가 자라 왔던 지중해 연안의 기후와 비슷해 아몬드 재배가 산업화될 수 있는 토대가 마련되었다. 아몬드 나무의 수명은 대략 20~25년이지만 처음 나무를 심은 후 적어도 4년이 지나야 열매를 맺을 수 있기 때문에 장기적인 투자가 필요하다.

아몬드 농장 주변의 거름 공장. 아몬드 농장 주변으로는 아몬드 껍질을 거름으로 만드는 공장이 더불어 발달한다.

아몬드는 캘리포니아 농산물 중 재배 규모가 가장 크다. 재배 면적은 남쪽으로는 베이커즈필드, 북쪽으로는 레드블러프까지 총 805km가 넘는 캘리포니아 중앙 계곡 일대 22만m²에 달한다. 아몬드의 수요가 증가함에 따라 아몬드 재배지도 계속 늘어나고 있다.

캘리포니아 지역은 11월부터 다음 해 3월까지가 우기이고 나머지 기간은 건기라 스프링클러를 이용한 관개 없이는 농사가 불가능하다. 하지만 농원에서 사용되는 모든 물이 정부에서 공짜로 제공된다니 미국은 농업 국가임에 틀림없다. 특히 캘리포니아의 아몬드는 나무 한 그루당 12달러의 고소득을 올릴 수 있는데, 공짜로 쓰는 물에 씨는 식용하고 껍데기마저 발효시켜 거름으로 쓴다니 당연한 결과다.

캘리포니아롤은 캘리포니아산 쌀로 만든 퓨전 김밥?

캘리포니아의 벼농사는 1930년대에 정부의 지원에 의해 본격화되어 지금은 연간 5억 달러가 넘는 규모의 경쟁력 있는 산업으로 성장했다. 캘리포니아는 일조량이 풍부하고 습도가 낮으며 토양이 비옥하여 벼를 재배하기에 뛰어난 자연환경을 갖추고 있다.

미국에서 생산되는 쌀의 70%는 낟알이 길쭉하고 밥을 지으면 푸석푸석한 인디카 품종이지만, '캘리포니아의 장미'라는 뜻의 칼로스(calrose)는 우리나라와 일본 사람들이 좋아하는 자포니카 품종이다. 캘리포니아에 동양인 이민이 늘어나면서 1948년부터 보급되었는데, 1990년대 들어 생산량이 크게 늘고 품질도 훨씬 개선되었다.

또한 일본과 한국 등 아시아 인들이 묵은쌀보다 햅쌀을 선호한다는 사실에 주목하여 추수한 지 1~2개월 된 햅쌀도 상품화하기에 이르렀다. 뿐만 아니라 현미와 검은 쌀, 붉은 쌀 등 다양한 형태로 벼 품종을 개량하고 있다. 캘리포니아산 오렌지 · 아몬드 · 건포도를 술안주로 올리는 것도 모자라 캘리포니아산 쌀밥까지 밥상에 올리게 될 날도 머지않았다.

비록 세계 무역 기구(WTO) 쌀 협상에서 2014년까지 관세화 유예를 받아 놓았지만 한국 쌀 가격의 1/4 수준에 불과한 캘리포니아산 쌀의 수입 개방 압력에 우리는 언제까지 버틸 수 있을까?

피안의 세계로

파란 하늘 곳곳에 이름 모를 구름들, 그 아래 암석과 풀들이 어우러져 장엄한 사막의 경관을 구성하고 있었다. 한참을 달렸나. 이제까지의 풍경과는 다른 모래사막이 나타났다. 도로 주변의 자갈사막 뒤로 보이는 모래사막과 그 위에 솟아 있는 도상 구릉이 또 다른 느낌을 주었다. 산이, 모래가, 자갈이 어떻게 만들어졌는지는 그 순간 궁금한 것이 아니었다.

차창 밖에서는 기찻길이 계속 우리를 쫓아오고 있었다. 우리나라에서 국도를 타고 기찻길을 따라가노라면 산자락을 따라 굽이굽이 도는 아기자기한 풍광과 만난다. 우리와는 다른 이곳의 곧게 뻗은 기찻길과 경주라도 하는 듯 나란히 달리다 보니 묘한 기대감에 휩싸였다. 이 길을 따라 앞으로 더 가면 뭔가 새로운 것, 기대 이상의 무언가가 있을 것 같았다. 끝없이 이어진 화물 열차와 만나면서 그 기대감은 더욱 커졌다.

미국의 산업이 발전하면서 운반해야 할 물자가 폭증했고, 경제 규모가 미국 대륙 전체로 확대되면서 대륙을 가로질러 대서양에서 태평양을 잇는 대륙 횡단 철도의 건설이 절실해졌다. 링컨 대통령은 그 필요성을 인식하고 철도 공사 시행 안에 서명했다.

센트럴퍼시픽사는 1863년 새크라멘토에서 출발해 동쪽으로 철로를 건설해 나갔고, 유니언퍼시픽사는 1865년 네브래스카 주 오마하에서 서쪽으로 공사를 진행했다. 센트럴퍼시픽사의 공사를 위해 값싼 임금의 중국인들이 대거 건너왔다. 중국인들은 샌프란시스코를 통해 입국하여 대륙 횡단 철도 건설에 피땀을 흘렸다. 철도가 지나는 길에는 험난한 시에라네바다 산맥이 가로놓여 있어 9개의 터널을 뚫는 난공사를 수행해야 했다. 유니언퍼시픽사의 노동자들은 주로 아일랜드계 이주민들과 남북전쟁에 참전했던 군인 출신들이었다. 그들에게는 원주민과의 접촉이나 로키 산맥을 극복해야 하는 어려움이 뒤따랐다.

1869년 5월 10일 2개의 철도가 유타 주의 프로먼터리 포인트에서 만나

모하비 사막의 풍경. 모하비 사막은 캘리포니아 주 시에라네바다 산맥 남쪽에서 콜로라도 하곡으로 뻗은 사막이다.

모하비의 모래사막. 모하비 사막은 전형적인 산악 분지 지형으로 군데군데 식생이 분포한다.

모하비 사막의 도상 구릉.

황금 못을 박으면서 동부의 뉴욕에서 출발하여 서부의 샌프란시스코까지 계속되는 대륙 횡단 철도가 완공되었다. 철도를 통해 서부의 개척 속도가 더욱 빨라졌고, 철도를 따라 없던 도시가 생겨났으며, 작은 마을이 대도시로 발전하는 등 미국은 빠르게 변해 갔다.

산타페 철도 회사의 사장 이름을 따서 대륙 횡단 열차의 중간 기착지인 바스토우가 만들어진 것도 이러한 맥락에서다. 콜로라도 강변의 휴양 도시

사막을 가로지르는 철도와 화물 열차.

대륙 횡단 열차의 중간 기착지 바스토우.

라플린으로 가기 위한 중간 기착지인 바스토우는 창고업과 군사 기지로 유명하다. 비가 적고 기온이 높아 물건을 보관했다 넘겨주는 창고 기지로 적합하기 때문이다.

조그만 극장과 많은 모텔들, 중간 기착지다운 한산한 풍경. 꿈에 그리던 피안의 세계는 아니지만 바스토우에서의 휴식이 사막의 피안을 찾은 것이 아닌가 하는 망상에 빠져들 때쯤 바스토우를 빠져나와 다시 사막을 달렸다.

'바람' 나는 미국

사막을 달리며 비슷한 풍경에 지루해질 무렵 한 선생님의 흥분된 목소리가 우리를 깨웠다. 얼른 창밖으로 고개를 돌려 보니 능선을 따라 즐비한 풍차가 눈에 들어왔다. 수백 개, 아니 수천 개는 되어 보였다. 풍력 발전기였다.

태평양 해안에서 바람을 맞아 지속적으로 돌아가는 풍력 발전기의 프로펠러는 바로 밑에 충전기가 있어 충전이 다 되면 돌아가지 않는다. 충전기 밑의 충전소에서 전기를 빼면 멈춰 있던 프로펠러가 다시 돌게 되어 있다. 프로펠러 하나를 쉬지 않고 열흘간 돌리면 세 가구가 한 달 동안 쓸 수 있다. 이러한 풍력 발전소는 주식 공모에 의해 개인이 소유한다.

미국에서는 고유가의 영향으로 저렴하고 청정한 에너지에 주목하게 되면서 고갈되지 않는 에너지인 풍력에 대한 관심이 고조되고 있다. 풍력은 태양광 등 비고갈 에너지 중 상용화하기에 가장 적합한 조건을 갖고 있다. 특히 풍력은 전력 수요의 상당 부분을 대체할 수 있을 뿐 아니라 화석 연료의 사용으로 인한 온실 가스 배출을 막을 수 있을 것으로 예상된다.

그러나 자연경관을 해치고 해안에 접근할 때 불편을 준다는 현지 주민들의 반발도 만만치는 않다. 환경 활동가 또한 풍력 발전 시설의 개발에 반대하고 있다. 캘리포니아 주 에너지 위원회가 2004년에 발표한 보고서에 따르면, 연간 880~1300마리의 야생 조류가 세계 최대의 풍력 발전 기지인 알타몬트 패스에서 목숨을 잃고 있다. 알타몬트 패스는 강풍이 부는 지역으로

능선에 설치된 수백 개의 풍력 발전기.

풍력 발전에 최적인 조건을 갖추고 있다. 그러나 동시에 철새의 중요한 이동 경로이기도 해 무수한 새의 죽음을 초래하고 있다. 비고갈 청정에너지로 이름을 알린 풍력이 생태계의 한 생물종을 고갈시킨다면, 이보다 더한 모순이 있을까?

미국의 풍력 발전소 건설은 2004년 말에 생산 조세 감면(PTC) 제도가 실시되면서 급성장하였다. 또한 2005년에 에너지 정책법이 도입되고 PTC가 2007년까지 연장되면서 풍력 발전 산업이 더욱 안정적으로 발전하였다. 미국은 풍력 발전의 성장으로 기존 발전소의 주원료인 천연가스 비용을 대폭 줄이는 동시에 향후 재생 에너지 시장에서 주도권을 갖게 되었다.

그러나 PTC 도입으로 지역 제조업자들은 투자를 꺼리게 되어 터빈과 부품의 부족을 초래하여 발전소 건설이 연기되거나 취소되었다. 터빈의 공급이 계속 달릴 경우 풍력 산업의 성장에 한계를 가져오고 가격 상승을 초래할 것이며, 2007년까지만 유효한 PTC가 만료되는 2008년부터는 심각한 어

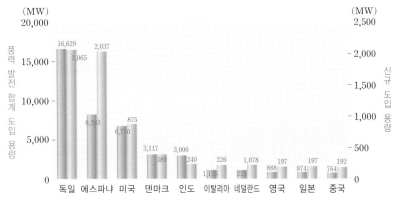

상위 10개국의 풍력 발전 도입 용량(2004년).

려움이 예상된다.

유럽에서는 이미 풍력 발전 산업이 성숙기에 접어든 상태다. 덴마크의 경우 전체 전력 생산의 20% 정도를 차지하고 있으며, 독일은 세계 풍력 에너지의 1/3을 생산하는 1위 국가이다. 일본도 풍력 발전 산업이 기하급수적으로 증가하여 2004년 현재 풍력 발전 생산량이 1997년에 비해 9배 이상 증가했다(한국일보 2005년 8월 13일). 2020년경이면 풍력이 세계 전력량의 10% 이상을 해결할 수 있을 것으로 본다.

현재 선진국들이 풍력 발전에 들이는 노력을 생각하며 한발 늦은 우리 실정에 실망할 수밖에 없었다. 우리나라의 바람 많은 해안가에서도 수많은 바람개비를 하루빨리 볼 수 있기를 고대하며, 돌아가는 대형 바람개비에 묵은 근심을 날려 보냈다.

6일차

요세미티에서
골든게이트까지

■ 8월 6일 : 프레즈노 → 요세미티 → 샌프란시스코

이른 아침 도착한 요세미티는 커다란 소나무와 세쿼이아가 울창하여 어두운 느낌마저 들었다. 엘캐피탄, 면사포 폭포, 하프돔 등을 한눈에 볼 수 있는 터널 뷰포인트에 잠시 들렀다가 요세미티 계곡으로 자리를 옮겨 미국 최고 높이를 자랑한다는 요세미티 폭포를 보고 공원을 빠져나왔다. 며칠간 아름다운 자연경관을 보아서 좋았지만 약간 지루해지려 할 때쯤 샌프란시스코에 도착했다. 지독한 안개로 샌프란시스코의 명물인 골든게이트교의 모습을 제대로 보지 못했다. 하지만 피어39 일대에서 활기차게 살아가는 다양한 인종의 사람들을 보며 활기를 되찾았다.

백오십만 년 전의 신비를 간직하다

여행 와서는 잠의 신과 잠시 이별이다. 새벽 4시에 기상하여 호텔 내 한 식집에서 뜨끈한 해장국을 먹고 6시에 본격적으로 이날의 일정이 시작되었다. 차 안에 잔잔히 흐르는 음악 소리에 취해 다시 취침 모드에 들어간 사람도 있고, 떠오르는 해를 보며 생각에 잠기는 사람들도 있고, 일출과 주변 경관을 조금이라도 더 많이 담아 가고자 열심히 카메라 셔터를 누르는 사람들(물론 이들의 대부분은 우리 일행이었다)도 있었다. 창밖을 보니 개를 데리고 산책 나온 사람들도 있고 조깅하는 사람들도 있었다.

거의 직선인 이제까지의 도로와는 달리 구불구불한 산길을 2시간 정도 달려서 캘리포니아 주 중동부의 산악 자연공원인 요세미티 국립공원에 도착했다. 해발 고도 4000m 정도의 산들이 늘어서 있는 요세미티 국립공원은 약 150만 년 전 몇 차례 이곳을 뒤덮은 거대한 빙하에 의해 만들어진 깊은 U자형 계곡과 높은 벼랑, 거대한 바위, 호수, 폭포, 맑은 시내 등으로 대자연의 웅장함과 아름다움을 모두 느낄 수 있는 곳이다.

공원 입구에서 우리를 맞이한 것은 지구상의 식물 중에서 가장 오래 산다는 세쿼이아 나무였다. 세쿼이아 나무는 미국 서해안 해안 산맥에 자생하는 것으로 세계에서 제일 큰 나무로 알려져 있다. 보통 높이가 80m, 지름이 5m, 수령은 400~1300년 정도이며 현재 알려져 있는 최고령 세쿼이아는 수령이 3200년이다. 두께 약 30cm인 나무의 껍질과 심재(心材, 속재목)의 색 때문에 레드우드(redwood)라고도 불린다. 세쿼이아라는 이름은 체로키 문자를 발명한 아메리카 원주민 추장의 이름을 딴 것이다. 세쿼이아 숲 앞에서 잠시 차를 세우고 숲의 공기를 들이마셨다. 숲의 공기가 너무도 신선해 하루쯤 머물며 천천히 거닐고 싶은 생각이 간절하였다.

세쿼이아 나무. 미국 서해안 해안 산맥에 자생하는 세계에서 제일 큰 나무로 알려져 있다.

　　처음 요세미티에 거주한 사람들은 1만 년 전의 아메리카 원주민으로 추정된다. 가장 최근에 산 부족은 아화니디 족으로 그들은 요세미티 계곡을 '하품하는 입(place of gaping mouth)' 이라고 불렀다. 1850년 캘리포니아에서 금광이 발견되면서 외지인들이 계곡에 들어오기 시작하였고, 이때 사냥꾼들은 함께 곰 사냥을 하던 원주민들이 '요세미티(곰)' 라고 외치는 소리를 듣고 이 계곡을 '요세미티' 라고 불렀다.

　　한편 요세미티 아래에는 마리포사라는 백인들이 사는 마을이 있었다. 그곳 백인들이 가지고 있는 신기한 물건들을 요세미티에 살고 있던 원주민들이 훔쳐 달아나는 일이 생기자 백인 기병대가 원주민들을 쫓아 계곡까지 오게 되었다. 쫓아온 기병대 대장이 요세미티의 경치에 감탄해 그것을 글로 쓰면서 요세미티 계곡이 세상에 알려지게 되었다. 과거 이곳에서 세쿼이아 나무의 껍질을 벗겨서 집을 짓고 머세드 강물을 먹고 살던 원주민들은 요세미티를 그리며 원주민 보호 구역 어딘가에서 살고 있을 것이다.

공원 곳곳에 산불의 흔적이 남아 있었다. 왜 타다 만 나무들을 쓰러진 채로 그냥 두는지 의아했는데 '자연적인 재해는 자연이 치유' 하도록 산불이 난 후에 그대로 방치해 둔다는 현지인의 설명을 들을 수 있었다. 자연 앞에 조바심 내지 않는 그들의 태도가 배어났다.

빙하가 만들어 놓은 환상의 계곡

요세미티 계곡에서 글레이셔 포인트로 가다 보면 와워나(Wawona) 터널을 지난다. 이 터널 입구 근처에 위치한 터널 뷰에서 바라보는 요세미티의 모습은 절경의 하나로 꼽힌다. 엘캐피탄과 하프돔, 면사포 폭포가 어우러진 모습이 황홀하게 다가오는 곳이다. 터널 뷰포인트 앞에 서서 답사하기 전에 사진을 통해 보았던 그 광경을 직접 볼 수 있었다. 그 모든 지형이 들어가는 경관을 배경으로 사진을 찍을 수 있는 위치에는 이미 너무 많은 사람들이 줄을 서서 기다리고 있었다. 아쉽지만 한쪽 귀퉁이에서 2% 부족한 사진을 찍고 돌아섰다.

요세미티는 골짜기를 따라 흘러내리는 빙하(곡빙하)에 의하여 형성된 U자형의 깊은 골짜기로 V자형의 하곡보다 경사가 급한 절벽이 나타난다. 곡빙하가 형성되면 암석 풍화 물질은 전부 제거되고 곡은 넓고 깊게 파인다.

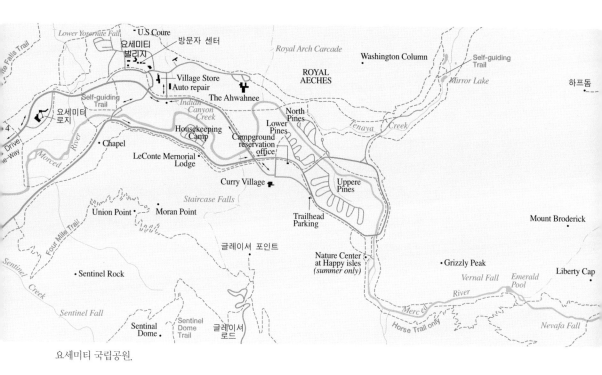

요세미티 국립공원.

곡벽은 골짜기 양쪽의 산각들이 절단되어 급애(가파른 낭떠러지)를 이루고, 곡저는 평탄한 U자형을 형성한다. 요세미티 계곡의 엘캐피탄과 하프돔은 골짜기의 곡벽에 해당한다고 볼 수 있다. 그 곡저에는 빙식 계단이 형성되어 있다. 지류 빙하는 본류 빙하보다 침식력이 약하고 얕아 빙하가 후퇴한 후 지류 빙하 빙식곡이 본류 빙하 빙식곡 양쪽의 가파른 곡벽 위에 걸린 상태로 나타나는 현곡(걸린곡)이 형성된다. 이 현곡에서 내려오는 물줄기가 요세미티 계곡의 면사포 폭포와 요세미티 폭포를 이룬다.

엘캐피탄은 지상에 노출된 한 덩어리의 화강암으로서는 세계 최대 규모로 요세미티 계곡 안에서도 가장 높은 곳이다. 전 세계 암벽 등반가들에게 경외의 대상이 되고 있는 이곳을 등반하는 데는 무려 4박 5일이 걸린다. 거울에는 얼어 죽을 위험이 있기 때문에 주로 봄가을에 많이 등반하는데 2인 1조가 되어야 하고, 워키토키가 있어야 하며, 대소변을 받아 내는 그릇도 필요하다. 바위틈에 사람이 들어가서 잘 만한 공간이 있어 거기서 숙박을 한다. 밑의 낭떠러지를 바라보며 매달려 자는 기분은 어떨까……. 얼마 전 우리나라의 한 직장인이 등반에 성공했다고 했다. 등반한 지 보름째인데 찾지 못하고 있다는 일본 관광객이 있다고도 했다.

하프돔은 빙하의 무게와 지반이 움직이는 힘에 의해 산이 돔 형태로 깎이고 북쪽 면의 반이 떨어져 나가 특이한 모양을 형성한 것이다. 해발 고도가 1443m나 되므로 여름 한낮에는 바위 표면의 온도가 100℃ 가까이 올라가

터널 뷰에서 바라본 요세미티 계곡. 왼쪽에 보이는 엘캐피탄은 세계에서 노출된 화강암 중에서 가장 큰 바위 덩어리로 수직 높이가 1078m에 이른다.

요세미티 공원의 하프돔. 빙하의 무게와 지반이 움직이는 힘에 의해 산이 돔 형태로 깎이고 북쪽 면의 반이 떨어져 나가 형성되었다.

기도 한다. 돔을 형성하는 화강암은 8700만 년 된 것으로 엘캐피탄과 함께 요세미티 암벽 등반의 최고봉으로 꼽힌다. 일반 관광객이 등반하는 것은 무리이지만 보는 것만으로도 대자연의 경이로움을 느낄 수 있다.

면사포 폭포(Bridalveil Fall)는 높이 약 189m로 4~6월에 유량이 가장 많아 장관을 이룬다. 하지만 수량이 적은 여름이나 가을에는 가느다란 선으로 물줄기가 떨어지며, 그 아래로는 안개가 자욱하게 끼어서 마치 신부의 베일을 연상시키기 때문에 면사포 폭포라고 불린다.

요세미티 계곡을 뒤로하고 3단으로 된 요세미티 폭포를 보기 위해 다시 차에 올랐다. 요세미티의 상징인 요세미티 폭포는 어퍼 폭포와 로어 폭포, 그리고 캐스케이드 폭포로 나뉘어 있다. 폭포의 총길이는 728m로 미국에

요세미티 폭포. 폭포의 총길이는 728m로 미국에서는 가장 길고 세계에서는 두 번째로 길다. 수량이 많은 시기가 아니어서 물줄기가 가늘다.

서는 가장 길고 세계에서는 두 번째로 길다. 상류의 어퍼 폭포는 429m로 가장 가파르고, 다음에 나타나는 중간 폭포의 높이는 203m, 하류 폭포는 96m인데 5월과 6월 사이에 수량이 가장 풍부해져 하류 쪽에 있으면 폭포의 거대한 힘으로 인해 지반이 흔들리는 것이 느껴질 정도라고 한다.

모두들 사진 찍기에 열중하는데 자전거를 싣고 가는 캠핑카가 지나갔다. 공원 안에는 캠핑·하이킹·등산·낚시·보트·스키·승마 등 레크리에이션 시설이 완비되어 있다. 주방, 침실, 욕실이 갖추어진 120채의 방갈로가 있지만 평상시에 숙박하려면 3~4년 전에, 7~9월에는 6년 전에 예약을 해야 된다. 아무리 수요가 많아도 절대로 방갈로를 늘리지 않는다. 쓰레기 하나 찾아보기 힘든 깔끔한 공원을 보니 자연을 보호할 줄 아는 마음이 부러웠고, 후손들을 위해서 어느 정도만 개발하고 남겨 두는 욕심 부리지 않는 여유로움이 또한 부러웠다.

다양함의 도시 샌프란시스코

오후 2시 30분경 샌프란시스코 시내로 진입하는데 일요일이라 시외에서 주말을 즐기던 도시민들의 차량이 한꺼번에 몰려 정체가 심했다. 그동안 줄곧 사막 지형을 지나온 터라 높은 건물과 북적이는 사람들로 가득 찬 샌프란시스코로 들어서는 순간 약간의 흥분과 함께 새로운 기운이 샘솟았다.

샌프란시스코가 비약적으로 발전하게 된 것은 1848년 골드러시를 맞으면서부터이다. 부근의 시에라네바다 산지에서 금광맥이 발견되어 국내뿐만 아니라 멀리 해외에서도 일확천금을 꿈꾸는 사람들이 몰려들었다. 여기서 나온 말이 '샌프란시스코 포티나이너스(49ers)'로 일확천금을 꿈꾸고 온

샌프란시스코 전경.

사람들을 일컫는다. 샌프란시스코의 유명한 미식축구 팀도 '샌프란시스코 포티나이너스'라는 팀 이름을 가지고 있다. 1850년에 시가 되었으며, 1869년에는 대륙 횡단 철도가 완성됨에 따라 서부의 중심적 상업 도시로 발전하였다. 지금은 꿈과 낭만의 도시, 세계 각처에서 모여든 많은 인종이 사는 곳, 안개가 많이 끼는 곳, 미국인들이 가장 가 보고 싶고 살고 싶은 곳으로 꼽는 곳이 바로 샌프란시스코이다.

샌프란시스코에는 3대 커뮤니티가 있는데 차이나타운 커뮤니티, 동성 연애자 커뮤니티, 거지 커뮤니티가 그것이다. 샌프란시스코의 차이나타운은 미국 내 최대 중국인 거주 지역으로 이곳 중국인들은 샌프란시스코 경제력의 21%를 차지한다.

샌프란시스코의 도심.

샌프란시스코의 전차.

유람선 선착장으로 이동하는 중에 바깥으로 이탈리아 국기가 보였다. 이탈리아 거리였다. 차이나타운처럼 이탈리아 사람들이 모여 사는 곳으로 이탈리아 상점들이 즐비했다.

강철의 미학

유람선을 타기 위해 샌프란시스코의 관광지 중 사람들이 가장 많이 몰린다는 피어39(Pier39)에 도착했다. 해안에 피셔먼스 워프(Fisherman's Wharf)라는 선착장이 모여 있는 곳이 있는데 각 건물마다 피어1, 2, 3, …… 하는 식으로 번호가 붙어 있다. 피어39도 그중 하나로 연간 방문자 수가 1050만 명에 이르는 캘리포니아의 대표적 관광지이다. 선착장 주변

피어39. 39번 부두라는 뜻으로 캘리포니아의 대표적인 관광지이다.

피어39 일대. 샌프란시스코가 다양한 민족과 문화가 어우러진 국제도시임을 확인할 수 있다.

경관은 해풍과 햇볕으로 바랜 목조 건물들로 고풍스러운 분위기를 자아
냈다.

　1시간가량 유람선을 탔다. 여름이라고 할 수 없을 정도의 추위에도 아랑
곳하지 않고 갑판으로 나가 샌프란시스코의 멋진 풍경들을 열심히 카메라
에 담았다. 얼마쯤 갔을까, 붉은색의 거대한 다리가 눈에 들어왔다. 샌프란
시스코의 상징이며 세상에서 가장 아름다운 다리라는 골든게이트교
(Golden Gate Bridge, 금문교)였다. 골든게이트라는 이름은 샌프란시스코
만의 일부 지역을 골든게이트라 불렀던 데서 유래한다. 지금은 세계적으로
유명한 건축물로 꼽히지만 다리가 완공되었던 1937년 당시에는 시속
100km가 넘는 강풍이 불고 안개가 많으며 물살이 빠른 지형적 조건 때문
에 건설이 불가능하다고 보았다.

　샌프란시스코 시와 북쪽 맞은편의 마린 카운티를 연결하는 총길이 2825m
의 이 다리는 1959년까지 세계에서 가장 긴 다리였다. 두 주탑 사이는
1280m이고 다리 중앙의 높이는 수면에서 66m나 된다. 이는 다리 밑으로
군함이 통과할 수 있도록 건설해 달라는 해군 측의 요구에 따른 것이다. 세

계에서 가장 큰 여객선인 퀸엘리자베스호도 통과할 수 있으며, 현재까지는 다리 아래를 빠져나가지 못하는 배가 없다고 한다. 자동차로 다리를 건널 경우 시속 80km로 3분 정도 걸리고 한 대당 3달러의 통행료를 내야 한다. 걸어서 건널 경우 왕복 약 1시간 정도 걸리며 통행료는 없다.

골든게이트교는 시카고의 토목 기사 조셉 B. 스트라우스의 설계로 1933년에 착공되어 1937년에 준공되었다. 해안에서 343m 떨어진 지점에 남쪽과 북쪽 교각을 바다 속으로 30m 깊이에 세운 다음, 양쪽 주탑에 메인 스팬(span; 다리를 지탱하도록 만든 강철 밧줄)을 빨랫줄처럼 옆으로 걸치고 차례로 차도를 메인 스팬에 매다는 현수교 방식으로 건설되었다.

유람선이 골든게이트교와 점점 가까워졌으나 유명한 샌프란시스코의 안개 때문에 다리 전체를 한눈에 볼 수는 없었다. 하지만 골든게이트교 바로

샌프란시스코 만의 골든게이트교. 1937년에 개통되어 샌프란시스코의 상징이 되었다.

아래에서 다리를 지탱하고 있는 메인 스팬을 보고는 그 크기에 한 번 놀라고 스팬의 제조 공법에 또 한 번 놀랐다. 메인 스팬 안에는 2만 7572가닥의 철사가 들어 있고 겉은 철사로 말아서 표면을 만들었다. 이 철사들을 풀어서 연결하면 지구를 세 바퀴 감을 수 있는 길이가 된다. 샌프란시스코는 지진이 많이 발생하는 곳이지만 이렇게 철사로 다리를 지탱하는 공법으로 건설하여 지진에 잘 견딜 수 있게 하였다.

골든게이트교 건설의 주역은 중국인들이었다. 대륙 횡단 철도 공사를 위해 샌프란시스코를 통해 대거 입국한 중국인들은 값싼 임금으로 철도 건설에 피땀을 흘렸을 뿐만 아니라 골든게이트교 건설에도 투입되었다. 다리가 완공되기까지 수많은 중국인들이 이 다리 아래 떨어져 죽었다. 그때 살아남

골든게이트교의 설계자 조셉 B. 스트라우스.

GOLDEN GATE BRIDGE
MAIN SPAN
4200 FEET

LENGTH OF ONE CABLE . . . . 7650 FT. (2331.7m)
DIAMETER OF ONE CABLE . . . . 36⅜ IN. (92.4 cm)
WIRES IN EACH CABLE . . . 27,572
TOTAL WIRE USED . . . 80,000 MILES (128,748 km)
WEIGHT OF CABLE (SUSPENDERS & ACCESSORIES) 24,500 TONS (22,226 m.tons)

Cable Contractor: John A. Roebling's Sons Co.
Trenton & Roebling, New Jersey

골든게이트교의 메인 스팬 단면.

은 사람들이 지금의 차이나타운을 이루는 근간이 되었고 샌프란시스코는 미국 최대의 화교 중심 도시를 이루었다.

현실과 스크린 사이에 존재하는 섬

유람선을 타고 조금 더 가니 영화 '더 록(The Rock)' (1996)의 촬영지로 유명한 알카트라즈 섬(Alcatraz Island)이 나타났다. 유람선에서 알카트라즈 섬에 관한 안내 방송이 나왔다. 알카트라즈 섬은 세기적 죄수들을 가두었던 곳이자, 영화 '일급 살인' (1995)에서 묘사되었던 대로 죄수의 인권 보장이 최악이었을 만큼 악명 높은 형무소가 있던 곳이다.

골드러시 이후 알카트라즈는 전략적으로 매우 뛰어난 요새였다. 남북 전쟁 당시 샌프란시스코 연안은 요새로서만이 아니라 군사 무기를 확보하기 위한 캘리포니아의 황금 수송의 요충지이기도 했다. 남북 전쟁 이후 알카트라즈는 군부대 형무소로 사용되었으며, 특히 유럽이 팽창할 무렵 군 출신 죄수들과 원주민 죄수들을 가두었다. 1939~1963년까지는 마피아와 흉악범들을 감금하는 감옥으로 사용되다가 당시 법무장관이었던 케네디 대통령에 의해 폐쇄된 이후 지금은 관광지로 변했다.

영화 '더 록' 에서는 주인공 숀 코네리가 섬에서 탈출하는 데 성공하지만, 급류가 소용돌이 치고 사철 바닷물이 찬 데다 상어까지 출몰하기 때문에 실제로는 탈출이 거의 불가능하다. 1963년 교도소가 폐쇄돼 골든게이트교 국립공원에 편입되기까지 30년 동안 탈옥 기도는 14건, 그중 1962년 벽을 뚫고 환기통으로 탈출한 세 죄수가 비옷을 튜브 삼아 샌프란시스코 만에 뛰어들었다. 하지만 그 후 행적이 드러나지 않아 익사한 것으로 단정했다.

영화 '더록'의 무대가 되었던 알카트라즈 섬.

　건설 초기에 비해 섬의 많은 부분이 파괴되었지만 감옥의 중앙 블록과 식당 그리고 서부에서 처음으로 세워진 등대 등은 그대로 남아 있다. 또한 금주법 시대의 악명 높은 갱단 두목 알 카포네가 수감되었던 독방 등의 시설도 볼 수 있으며, 완전히 방음된 독방에 30초 동안 들어가게 해 주는 투어도 있다.

　알카트라즈 섬을 끼고 돌아 다시 선착장으로 돌아오는 길에 멀리 베이브리지(Bay Bridge)가 보였다. 베이브리지는 샌프란시스코와 오클랜드, 버클리 등 샌프란시스코 만 동쪽의 도시들을 이어 주는 다리이다. 1936년 11월에 개통되었으며 총길이는 약 13.5km이다. 베이브리지는 골든게이트교처럼 유명세를 타지는 않지만, 다리 교통량으로는 세계 1위를 차지한다. 다시 피어39 선착장으로 들어서는데 한가로이 떼 지어 누워 있는 물개들이 관광객들의 시선을 사로잡았다.

샌프란시스코와 오클랜드를 연결하는 베이브리지.

피어39에 있는 물개 쉼터.

I left my heart in San Francisco

유람선에서 내려 30분간의 자유 시간을 가졌다. 당일 재사용이 가능한 유람선 티켓을 다시 써 보지도 못하고, 유명한 해산물 요리도 못 먹어 보고, 알카트라즈에서의 독방 투어도 못해 보고, 차이나타운의 저녁 풍경도 못 보고 가는 아쉬움에 자꾸만 멀어지는 선착장 주변을 돌아보고 또 돌아보았다. 저 멀리 해안 주변으로는 퍼시픽 하이츠의 아름다운 모습이 돌아서는 우리의 발걸음을 더욱 무겁게 만들었다.

퍼시픽 하이츠. 샌프란시스코 만이 내려다보이는 언덕에 빅토리아풍의 저택들이 들어차 있는 고급 주택 단지이다.

팰리스 오브 파인 아트에 있는 호수.

　식당에 가기 전에 들른 곳은 팰리스 오브 파인 아트(Palace of Fine Art)
라는 곳이었다. 로마 시대의 유적을 주제로 고전적인 아름다움을 살린 건물
로 1915년 열린 파나마–퍼시픽 엑스포를 기념해서 지어진 건물이다. 무엇
보다도 기둥 하나하나를 멋지게 장식한 조형물들이 눈에 들어왔다. 영화
'더 록'에서 숀 코네리가 딸을 만나는 장면을 찍은 곳이었다. 처음 선보였
을 당시 큰 인기를 누려 엑스포가 끝난 다음에도 철거하지 않고 그대로 두
었다. 호수에 비친 건물 모습이 무척 아름다워 사진을 찍는 사람이 많았고
신랑신부의 모습도 눈에 띄었다. 그러나 싸늘한 날씨가 발걸음을 재촉하여
한 바퀴 얼른 돌아보고는 차에 올랐다. 샌프란시스코의 신선한 지중해성 기
후라고 하기에는 너무 추웠다.

팰리스 오브 파인 아트.

팰리스 오브 파인 아트의 조각 기둥.

팰리스 오브 파인 아트의 조각 기둥.

샌프란시스코 선셋 지구. 언덕과 언덕을 잇는 고갯길 양옆에 파스텔 톤의 아름다운 집들이 틈이 없이 붙어 있다. 지진에 대비한 내진 설계형 가옥도 많다.

　중국인들이 많이 산다는 선셋 지구의 한식집 한일관에서 저녁 식사를 했다. 식당 주변에는 파스텔 톤의 동화 속 그림 같은 주택들이 틈이 없이 다닥다닥 붙어 있었는데, 이는 지진에 대비하여 집과 집이 틀어지는 것을 방지하기 위해서이다. 샌프란시스코는 환태평양 지진대에 속해 있어 지진이 많이 발생하기 때문에 내진 설계된 주택들이 많다.

　환태평양 지진대란 태평양을 둘러싸고 고리 모양으로 형성되어 있는 지진이 많이 나타나는 지역을 말한다. 환태평양 화산대와 일치하며, 제3기의 조산 운동을 강하게 받은 지역이다. 전 세계 천발 지진(진원의 깊이 60km 미만)의 80%, 중발 지진의 90%, 심발 지진(진원의 깊이 300~700km)의 대부분이 이 지역에서 일어난다. 이 지역을 다시 분류하면 남샌드위치 제도에서 멕시코에 이르는 부분, 북미 캘리포니아 만에서 캐나다 서안에 이르는 부분, 알래스카에서 일본을 지나 뉴질랜드에 이르는 부분으로 구분된다.

샌프란시스코

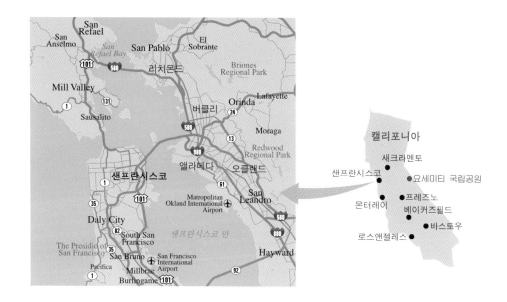

[위치] 캘리포니아 주 서부에 위치

[면적] 600.7km²

[인구] 77만 6733명(2000년)

[역사] • 1776년 에스파냐의 선교사들이 전도 기지 형성

　　　 • 1846년 미국 해군에 의해 점령, 1847년에 샌프란시스코로 개칭

　　　 • 1848년 부근 산지에서 금광맥이 발견되어 골드러시를 맞으면서 급성장

　　　 • 20세기에 이르러서는 풍부한 농업 지대와 공업 입지의 가능성에 착안하여 동부와 중
　　　　 부의 사람들이 대거 서부 지역으로 이동함에 따라 비약적으로 성장

[기후] 지중해성 기후

[산업] • 해로, 공로와 육로의 발달이 현저하며 최근 대량 고속 철도(BART)가 주목됨

　　　 • 도심을 중심으로 80km의 방사상 범위 내에 90개 이상의 공업 단지가 점재하여 활기
　　　　 를 띠고 있으나 중공업보다 식품 · 식육 가공 · 제당 · 금속 · 인쇄 출판 · 제재 · 고무 ·
　　　　 섬유 등의 경공업이 발달

[문화] • 교육 · 문화의 중심지를 이루었으며, 많은 대학과 연구소 · 문화 시설 보유

　　　 • 경승지 · 오락 시설 등이 갖추어져 관광 산업 발달

아! 몬터레이

■ 8월 7일 : 샌프란시스코 → 몬터레이 → 솔뱅 → 로스앤젤레스

몬터레이 17마일 드라이브를 따라 샌프란시스코에서 솔뱅으로 이동했다. 몬터레이 17마일 드라이브는 아름다운 해안을 따라 대부호들의 값비싼 저택이 즐비하고 론사이프러스, 버드록, 페블비치 골프장 등의 관광 명소가 곳곳에 있어 최고의 드라이브 코스라고 칭송받는 도로이다. 솔뱅은 미국 속의 덴마크라고 할 수 있는 곳이다. 덴마크 어가 상용되고 있으며 도시의 발전과 더불어 덴마크의 전통과 유산을 소중히 생각하며 지켜 가고 있다. 솔뱅을 끝으로 4박 5일의 일정은 모두 끝났다. 동행했던 다른 여행객들과 헤어져서일까? 왠지 우리도 그만 답사를 끝내고 집으로 돌아가야만 할 것 같았다.

몬터레이 17마일 드라이브

답사 7일째인 이날도 새벽 4시에 기상하여 이른 아침으로 곰탕을 먹고 몬터레이로 향했다. 몬터레이는 샌프란시스코에서 해안선을 따라 약 210km 남쪽에 있는 아름다운 해변 도시이다. 1602년 에스파냐의 탐험가가 발견하였으며, 지명은 당시 멕시코 총독이던 몬터레이 백작의 이름에서 유래한다. 그 후 미국의 요새로 사용되다가 물개와 전복, 정어리가 많이 잡히면서 통조림 가공 공장들이 들어서 있는 어촌으로 바뀌었다. 통조림 공장들이 없어진 지금은 부티크, 레스토랑, 카페, 호텔 등이 밀집한 관광 명소가 되었다. 또한 경치가 좋아 세계적인 부자들의 별장이 많이 들어서 있다.

몬터레이를 둘러보는 제일 좋은 방법은 몬터레이 17마일 드라이브 코스

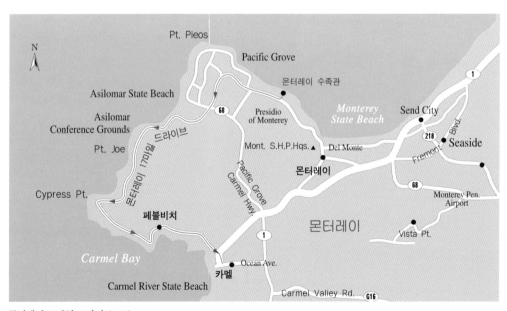

몬터레이 17마일 드라이브 코스.

를 이용하는 것이다. 이 드라이브 코스로 들어가기 위해서는 입장료 8달러를 지불해야 했다. 우리의 상식으로는 이해하기 어려웠지만 우리나라에서도 유명 사찰을 끼고 있는 산을 등산하려면 입장료를 내야 한다는 생각에 조금 이해가 되었다. 이 드라이브 코스에는 아름다운 자연과 최고급 골프장, 부자들의 저택 등이 모여 있어 자동차를 타고 기분 내기에는 그만이었다. 우리가 탄 차는 태평양과 연한 해안 도로를 따라 경치를 감상할 수 있도록 천천히 이동하였다. 한국의 도시에서 이런 속도로 달렸다간 뒤차 운전자들의 원성을 사고도 남았을 것이다.

안개에 싸인 몬터레이는 평화스러워 보였다. 로스앤젤레스나 샌프란시스코와 같이 인파와 차량으로 복잡한 대도시와는 다른 묘한 매력을 지닌 곳이었다. 비록 차 안에서였지만 시가지 곳곳의 경관에 이곳의 역사가 배어 있는 것이 느껴졌다. 그래서인지 캐너리로(Cannery Row)에 그려져 있는 평범한 벽화도 그냥 지나쳐지지가 않았다.

몬터레이 해안의 강한 바람을 맞으며

시간이 일러서인지 해안가에 안개가 자욱하게 끼어 있었다. 그림처럼 예쁜 집들과 해변에서 여유롭게 조깅하는 사람들, 바다를 향해 세워진 캠핑카촌에서 이곳의 분위기를 읽을 수 있었다.

몬터레이 17마일 드라이브 코스에 들어서자 도로 주위의 나무에 해초가 날아와서 걸려 있는 모습이 보였다. 이것들이 나무를 죽게 만든다고 했다. 해초가 날아올 정도라니 보기보다 바람이 강한 곳인가 보다. 강한 해풍으로 한쪽 방향으로 기울어져 있는 편향수들도 곳곳에서 발견되었다.

나무에 걸려 있는 해초류. 몬터레이 해안은 바람이 강해 해초가 날아와 나무를 죽게 만드는 경우가 많다.

　몬터레이는 철새 도래지이자 물개 서식지이다. 드라이브 코스에서 먼저 우리의 눈길을 끈 것은 시스택인 버드록(Bird rock)이었다. 시스택(sea stack)이란 암석 해안에서 기반암이 차별 침식에 의해 육지로부터 분리된 촛대 모양의 바위섬이다. 우리나라에서 외돌개, 촛대바위, 등대바위 등으로 불리는 것은 대부분 시스택에 해당된다고 할 수 있다. 멀리 보이는 섬에 수십 마리의 새가 앉아 있었고, 새똥에 뒤덮여 섬의 윗부분이 하얗게 보였다. 주변에는 크고 작은 섬이 널려 있었다.

　버드록을 지나 말로만 듣던 세계 각국 부자들의 수천 만 달러짜리 별장들을 볼 수 있었다. 그중에는 우리나라 대기업 회장들의 별장도 있다고 했다. 별장 거리를 지나 타이거 우즈가 처음 우승해 유명해진 페블비치(Pebble beach) 골프장에서 잠시 쉬어 가게 되었다. 태평양과 바로 접하고 주위는

몬터레이 해안의 버드록. 새똥에 뒤덮여 섬의 윗부분이 하얗게 보인다.

온통 그림 같은 집들인 그야말로 세계 최고 경관의 골프장이었다.

　페블비치에는 유난히 편향수가 많았는데 특히 산 중턱과 같이 특정한 탁월풍이 잘 나타나는 곳에서 볼 수 있다. 편향수를 보면 그 지역에 국지적 탁월풍이 부는지 아닌지를 파악할 수 있다. 몬터레이 해안에는 편서풍이 구릉성 산 사면을 향하여 불기 때문에 편향수를 쉽게 관찰할 수 있다.

　페블비치 해안 단구 위에는 집들이 가지런히 들어서 있었다. 해안 단구는 해안선을 따라 계단상으로 분포되어 있는 지형이다. 파도에 침식되어 평탄화된 해식 대지(파식대)나 삼각주 등이 지반의 융기로 해면 위로 올라옴으로써 형성된 것이다. 지반의 상대적 융기가 간헐적으로 이루어지면 해안 단구는 여러 층으로 발달한다. 대부분의 해안 단구는 신생대 제4기의 중기 이후에 형성되었다. 몬터레이 해안의 전망 좋은 페블비치에는 해안 단구 위로

몬터레이의 사빈 해안.

고급스런 집들이 즐비했다.

　페블비치에서 추위(?)를 잊기 위해 마신 따뜻한 코코아가 지금도 생각나는 걸 보면 그곳의 날씨를 단순하게 지중해성 기후라고 하기에는 석연치가 않다. 따뜻한 김이 모락모락 올라오는 코코아를 나눠 마시던 그때의 기억은

몬터레이 해안의 사구.

어디서나 비슷한 광경이 연출될 때면 떠오를 것 같다.

오전 9시에 페블비치를 출발하여 솔뱅으로 향했다. 가는 동안 우리는 끝없는 농원에 홀로 돌아가는 스프링클러들을 볼 수 있었다. 101번 도로를 따라 남쪽으로 향하다 보니 하천 양쪽으로 단구가 형성되어 있었다. 1층 단구에는 도로가 건설되어 있었고, 2층 단구는 경작지로 사용되고 있었으며, 3층 단구는 산을 이루고 있었다.

솔뱅에서 안데르센을 만나다

오전 11시 반에 홈타운(San Luis Obispo) 뷔페에서 맛있는 점심을 먹고 한 시간 남짓 차를 달려 미국 속의 작은 덴마크, 솔뱅에 도착했다. 솔뱅은 덴마크의 민속촌으로 5000여 명이 거주하고 있다. 주위 상점에는 덴마크 의상과 신발 소품들로 가득했다. 풍차가 있고 덴마크식 가옥 형태와 상가에 걸려 있는 덴마크 국기를 보니 마치 덴마크에 와 있는 듯했다.

민족 공원에 있는 코펜하겐 바위와 안데르센 흉상을 통해 솔뱅 사람들이 얼마나 조국을 그리워하고 있는지 느낄 수 있었다. 그들은 덴마크에서 건축 기술자들을 데려와 덴마크 고유 양식의 건축물을 짓고, 덴마크의 수도인 코펜하겐에서 공수해 온 바위 덩어리에 이곳에서 코펜하겐까지의 거리인 11270km를 새겨 놓았다. 이곳에서 고국에 대한 향수와 경외심을 새기도록 민족 교육을 시키고 있다. 같은 백인 계통인데도 이렇게 독립된 공간

코펜하겐 바위. 덴마크 수도인 코펜하겐에서 공수해 온 바위 덩어리에 이곳에서 코펜하겐까지의 거리인 11270km를 새겨 놓았다.

몬터레이 해안의 지중해풍 주택들.

을 가지고 싶어할 정도로 이민족에 대한 눈길이 따가운 곳이 미국 땅이라고 생각하니 유색 인종인 우리 동포들의 삶이 어떨지 짐작이 갔다.

덴마크와 안데르센에 관한 책을 사려고 서점에 들렀으나 마땅한 것이 없어 대신 솔뱅에 대한 엽서를 샀다. 서점 안을 가득 메우고 있던 커피향이 조급하게 서둘지 않아도 살 수 있음을 일깨워 주는 것 같았다.

오후 2시 반쯤에 솔뱅을 떠나 로스앤젤레스로 향했다. 로스앤젤레스로 가는 해안에 면해 있는 지중해풍 주택들은 이곳이 한때 에스파냐의 통치를 받았음을 확인해 주었다. 산 중턱에 이어져 있는 포도 농장을 보노라니 영토의 광활함이 느껴졌다. 나지막한 산의 꼭대기 부근에는 바스토우에서 베이커즈필드로 올 때와 마찬가지로 석유 시추가 이루어지고 있었다. 어떻게 포도밭 가운데에서 석유를 시추할 수 있는지 미국은 정말 두렵고도 부러운 나라다. 신은 공평하지 않은 것 같다. 공평하다면 세계 여러 나라로부터 온갖 원

미국 속에서 덴마크를 느 낄 수 있는 솔뱅. 덴마크 국 기와 미국 국기가 나란히 계양되어 있다.

성을 사고 있는 나라에 이렇게 많은 축복을 주실 수가 없다. 하긴 이곳은 원 래 아메리카 원주민의 땅이었다. 신은 자연을 경외하는 원주민에게 무한한 축복을 내려준 것이었다.

솔뱅에서 네 시간 정도를 달려 로스앤젤레스에 도착했다. 중국 식당에서 맛있는 중국 음식을 먹고, 8시쯤 숙소인 공항 근처 크라운플라자 호텔에 도 착했다. 호텔에서 5박 6일 일정에 대한 중간 점검을 했다. 좀 더 많이 보고 싶었지만 시간적인 한계로 그러지 못한 아쉬움은 모두 한결같았다.

모르몬교와
대염호의 도시

■ 8월 8일 : 로스앤젤레스 → 솔트레이크 시티 → 포커텔로

로스앤젤레스에서 비행기로 1시간 40분 정도 이동하여 2002년에 동계 올림픽 경기 대회가 열렸던 솔트레이크 시티에 도착했다. 공항에서 10여 분 이동해서 첫 번째로 간 곳은 플라이스토세의 거대한 보네빌 호의 일부가 남은 내륙 염호, 그레이트솔트 호였다. 엄청난 벌레 떼가 호수의 수면을 뒤덮고 있었으며 수면 아래에서는 새우가 헤엄을 치고 있는 것이 보였다. 호수 주변의 산간 지역에는 호수가 축소되는 과정에 형성된 3단의 호안 단구가 보였다. 호안 단구 면에는 주택들이 늘어서 있어 호안 단구의 토지 이용 모습을 확인할수 있었다. 솔트레이크 시티의 명물 중 하나는 모르몬교의 총본산인 템플 스퀘어다. 솔트레이크 시티는 모르몬교도에 의해 세워진 도시로서 모르몬교도에게는 성지와도 같은 곳이다. 사원 곳곳을 아주 상세하게 설명해 준 한국인 모르몬교도의 친절에 감사하면서도 연락처를 남겨 달라고 건넨 카드는 슬그머니 남겨두고 빠져나왔다.

또 다른 시작

이 정도로 강행군일 줄은 몰랐다. 지난 6일간 새벽이면 반쯤 감긴 눈으로
대강 아침을 먹고, 어떤 때는 아침을 먹지도 않은 채 차로 어느 정도 이동한
후에 식사를 하기도 하며 밤까지 답사를 했다. 특히 전날은 호텔에 들어온
시각이 늦은 밤이었다. 다음 날을 위하여 눈을 붙여야겠다는 생각과 달리 좀
처럼 잠이 들지 않았다.

답사를 기획하면서 큰 줄기로 잡은 것은 그랜드 캐니언과 옐로스톤이었
다. 그랜드 캐니언이 선캄브리아기로부터 고생대까지 아주 오래된 지질 시
대를 경험할 수 있는 지질학의 교과서라면, 이제부터 찾아 나서는 옐로스톤
은 현재 화산이 활동하고 있는 그야말로 신선한 땅이다. 살아서 꿈틀거리는
땅을 본다는 건 오래된 땅의 모습을 보는 것 못지않게 가슴 떨리는 일이다.
그랜드 캐니언과 브라이스 캐니언, 자이언 국립공원의 잔상이 아직도 남아
있는데 또 다른 지질 시대를 찾아 나서는 탐험이 시작되었다.

옐로스톤에 가려면 우선 로스앤젤레스에서 솔트레이크 시티까지 비행기
를 타야 한다. 육로로는 너무 먼 거리(1154km, 장거리 버스로 약 18시간 소
요)이기 때문에 대부분 우리처럼 비행기로 솔트레이크 시티까지 와서 여기
에서 육로로 여행을 시작한다.

로스앤젤레스 공항 근처의 호텔(크라운플라자 호텔)에서 자는 둥 마는 둥
하다 눈뜬 시각이 새벽 3시 40분이었다. 더 늦게 일어나면 공항 수속을 하
기 어렵다는 가이드의 협박(?)에 가까운 말에 자극받아 번쩍 눈이 떠진 것
이다. 한 3시간 침대에 누워 있었나? 잠을 잤다기보다는 애써 자려고 침대
에 붙어 있다 나왔다는 말이 맞겠다. 호텔 로비로 내려오니 어느새 화장까
지 곱게 한 일행들이 활기차게 대화를 나누고 있었다. 지치지 않는 체력들

이 점점 반용부 교수님을 닮아 가고 있었다. 잠이 덜 깬 눈으로 공항에 도착해 보니 이른 새벽인데도 공항은 사람들로 북적거렸다.

해외여행을 망설이는 이유 중의 하나는 역시 언어일 것이다. 배낭 하나 메고 항공권만 구한 채 호텔도 현지에서의 교통수단도 외면하고 홀가분하게 떠나고 싶어도 가장 부담스러운 게 언어였다. 이번에도 영어가 말썽이었다. 수속을 하는 도중 수하물에 위험 물건이 있는지를 묻는 공항 직원의 말을 알아듣지 못하고 그냥 나오려고 했다. 공항 직원이 똑같은 질문을 되풀이했건만 눈만 멀뚱멀뚱하며 아무 말도 하지 못했다. 이런 내가 답답해 한 선생님이 옆에서 "위험한 물건 없느냐고 묻잖아요. 대답 좀 하세요." 하고 옆구리를 찔렀다. 그제야 몸짓으로 직원에게 위험한 물건은 없다고 답했다.

비행기가 이륙하자마자 모두들 담요를 덮고 잠을 청했다. 델타 항공사에서 제공하는 담요는 미국인은커녕 한국인에게도 너무 작았다. 잠을 청하기 위해 담요 하나를 더 요구하자 백인 승무원은 없다고 딱 잘라 거절했다. 다른 사람에게도 그런가 싶어 주변을 둘러보니 건너편의 백인(그가 미국인이었는지 다른 국적의 사람인지는 확인하지 않았다)은 버젓이 두 장의 담요를 덮고 잠을 청하고 있었다. 승무원이 어디에서 담요를 꺼내는지 눈여겨보아 두었다가 잠깐 다른 곳으로 간 사이에 유유히 담요를 꺼내어 덮었다. 그러나 델타 항공사에서 제공하는 담요는 거저 준다고 해도 내버릴 만큼 허름했다.

새벽부터 식사도 거른 채 강행한 출발이었기에 잠을 자는 중에도 언제 기내식을 주는지 은근히 기대되었다. 당연히 아침 식사를 기대하고 있던 우리에게 승무원이 내미는 메뉴에는 칩, 초콜릿 바, 비스킷 등 어디에도 식사라 할 만한 것은 없었다. 그것도 열거한 메뉴 중 하나만 선택하라는 말에 어찌나 기운이 빠지던지.

1시간 30분쯤 지나 창밖을 보니 거대한 분지와 그 가운데 있는 호수가 보였다. 그레이트솔트 호였다. 이날도 예외 없이 선생님들의 카메라는 쉴 틈이 없었다. 다들 자는 줄 알았는데 어느 틈에 깼는지 질세라 카메라를 작동시키고 있었다. 이렇게 학구열이 대단할 줄이야! 약 2시간의 비행 끝에 유타 주의 주도인 솔트레이크 시티에 도착했다.

유타를 찾아서

유타 주는 미국 서부에 있는 면적 21만 9901km², 인구 235만 1467명 (2003년)인 미국의 45번째 주이다. 북쪽은 아이다호 주, 북동쪽은 와이오밍 주, 동쪽은 콜로라도 주, 남쪽은 애리조나 주, 서쪽은 네바다 주와 접한다. 워새치 산맥을 경계로 서쪽은 그레이트솔트 호와 사막이 있는 그레이트베이슨이, 동쪽으로는 콜로라도 고원이 펼쳐진다. 남서부 일대의 아열대 기후 지대를 제외하고는 대체로 건조 기후를 나타낸다.

모르몬교도가 건설한 주로서 세계에 널리 알려졌고, 주 인구의 70% 이상이 모르몬교도이다. 종교가 정치 · 경제 · 교육 · 문화와 강력하게 결부되어 있어 종교를 제외한 주의 단독적 발달은 생각할 수 없는 특이한 주이다.

외국인이 한국에 많이 거주하지 않던 70년대, 지방의 한적한 도시에서 외국인은 눈에 띌 수밖에 없는 존재였다. 그 중에서도 항상 짝 지어 다니던 검정색 양복에 흰색 셔츠를 받쳐 입고 가방까지 단정하게 든 두 명의 외국인은 말을 붙여 보고 싶은 존재였다. 한 친구가 어느 날 그들에게 다가가 막 배우기 시작한 어설픈 영어로 대화를 시작했다. 그러면서 영어로 하는 성경 공부가 시작되었는데 그때 그들이 가르쳤던 교리가 바로 모르몬교에 바탕을 둔 것이었다. '말일 성도'라는 이름으로 남아 있는 그 종교가 바로 유타

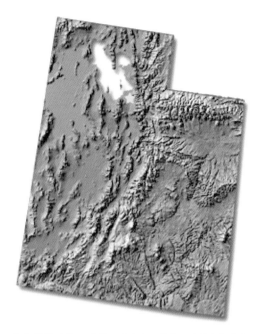

유타 주의 지형. 노랑별 표시가 솔트레이크 시티이며 전체적으로 고도가 높다. 남북 방향의 긴 줄기
가 워새치 산맥이다.
출처 : www.usgs.gov/state.asp?State=UT

를 배경으로 전 세계에 선교 활동을 펼치는 모르몬교이다.

유타 주에는 건조한 자연환경을 배경으로 브라이스 캐니언, 자이언 캐니언, 아치스 등 15개의 국립공원이 있다. 다른 어떤 주보다 국립공원이 많은 유타 주는 관광 소득이 주 경제에 미치는 영향이 매우 크다. 이 관광 소득에는 국립공원뿐만 아니라 모르몬교 사적도 한몫을 담당하고 있다. 모르몬교에서는 브리검영 대학을 설립하고 유타 대학과 협조하여 교육 시설을 충실히 하는 등 교육과 문화에 중점을 두고 있다. 특히 문화 활동이 활발하며 대원수가 350명이 넘는 모르몬 태버내클 합창단은 세계적으로 유명한 성가대이다.

솔트레이크 시티는 로스앤젤레스와 다른 점이 꽤 있는데 그 중에서도 돋보이는 것이 인종상의 특징이었다. 로스앤젤레스는 인종의 전시장이라고 해도 과언이 아닐 정도로 다양한 인종의 집합소 같았는데, 솔트레이크 시티에서는 흑인이나 히스패닉, 동양계의 모습을 찾아보기가 힘들었다. 우리 일행이 그곳 사람들의 시선을 끌 정도로 백인 일색의 도시였다. 일행 중 한 선생님이 비행기 내에서 뒤에 앉은 백인들이 서로 우기는 것을 들었다고 했는데, 그들은 우리가 '중국인이다. 아니다, 한국인이다' 하며 계속 실랑이를 벌였다고 했다. 듣다 못한 그녀는 'I am a Korean'이란 한마디로 그들의 실랑이를 잠재웠고 그 뒤 그들과 제법 대화를 나누면서 기내에서의 지루함을 달랬다고 했다.

솔트레이크 시티는 유타 주의 주도로 워새치 산맥의 기슭에 자리 잡은 고원 도시이다. 도시의 북쪽에 거대한 소금 호수(salt lake)가 있어 솔트레이크 시티라는 이름을 갖게 되었다. 1999년 생계비, 범죄율, 문화 환경, 여가 시설, 지역 경제 전망 등 9개 항목에 걸친 평가에서 가장 높은 평균 점수를 받아 북미 354개 대도시 중 가장 살기 좋은 도시로 선정되었다. 유타 주의 행정 및 상공업의 심장부이며 모르몬교의 총본산으로 유명하다.

모르몬교의 중심 도시로 건설된 이후 골드러시가 계속되면서 캘리포니아로 통하는 통로가 되어 물자 공급지로서 번성하였다. 대륙 횡단 철도의 개통으로 교역 집산지가 되었고 현재는 철도뿐만 아니라 도로, 항공로 등의 요충지이기도 하다. 대륙 횡단 철도는 물론 미국 주요 간선 도로인 70, 80, 84, 15번 도로가 모두 이 도시를 지나며 항공편도 많아 서부에서 동부, 북부, 남부로 이동하는 여행객들의 중간 기착지 구실을 한다. 이러한 교통의 요충지 역할은 이 도시가 성장하는 중요한 요소이다.

솔트레이크 시티는 스키의 고장이라고 해도 과언이 아닌데, 일교차가 크고 겨울이 길어 1년 중 6개월 동안 스키를 탈 수 있는 천혜의 관광지이다. 10월 말부터 다음 해 4월 초까지 이어지는 스키 시즌 동안 미국 각지에서 관광객이 몰려온다. 시내에서 차로 1시간 정도 달리면 멋진 슬로프를 만날 수 있어 접근성도 좋은 편이다. 우리에게 아쉬운 기억을 남겨 준 2002년 제 19회 동계 올림픽 경기 대회가 이곳에서 열렸다. 그 외 골프장이 수십 군데 이며 워새치 산맥으로 연결되는 등산로는 셀 수도 없을 만큼 많다.

스키 시즌이 아닐 때에도 관광객들이 많은데 모르몬교와 관련된 유적지 가 많은 것도 한 이유지만 무엇보다도 그랜드 캐니언, 자이언 캐니언, 브라 이스 캐니언, 옐로스톤 등 인근에 유명한 국립공원이 많기 때문이다. 즉, 이 곳은 각 국립공원으로 가기 위한 교통의 결절지 역할을 하고 있다.

관광업 못지않은 산업은 고도 첨단 기술 산업이다. 1998년 11월 뉴스위 크지가 선정한 세계 10대 첨단 신도시에 선정되기도 했으며 세계적인 정보 통신 기업과 연구소, 벤처 기업 등이 밀집해 있다. 이 지역에서 첨단 산업이 발달하게 된 것은 일찍이 광산 공학이 발달했기 때문이다. 시의 남동쪽에 세계 최대 규모의 노천 구리 광산인 빙엄 광산이 있으며, 이는 유타 대학에 서 광산 공학이 발달할 수 있는 근원을 제공했다.

설계자의 철학이 반영된 도시

솔트레이크 시티는 철저한 계획하에 만들어진 근대 도시이다. 도로가 매 우 정연해 지도 한 장만 있으면 쉽게 길을 찾을 수 있다. 정확하게 격자형으 로 되어 있으며 각 블록마다 남북으로는 A~O, 동서로는 1~17로 기호를 매겨 놓아 목적지의 방위만 알면 된다. 이는 도시를 기획한 브리검 영이 건

구글 위성사진으로 본 솔트레이크 시티. 가로망이 직교형이다.

축가 출신이라는 점과 관련이 깊다. 철저히 실용성에 바탕을 둔 설계와 마차가 회전할 수 있도록 도로를 만들라는 브리검 영의 지시 덕분에 오늘날의 격자형 도시가 형성된 것이다.

특별히 오염을 일으킬 만한 산업 구조가 아니기 때문에 먼 거리의 건물이 또렷하게 보일 정도로 도시의 공기는 무척 맑다. 대기 오염뿐 아니라 수질 오염도 이 도시에서는 일찌감치 빗겨나가 있다. 수돗물을 끓이지 않고 먹어도 큰 문제가 없다고 하니 말이다. 워새치 산맥에서 끌어 오는 물은 건조한 이 지역 사람들에게는 큰 축복이다.

도심의 외곽으로는 깔끔하고 단아한 주택이 줄지어 늘어서 있다. 미국의 다른 지역과 마찬가지로 도심에 가까운 쪽에는 중하류층이, 산 아래쪽에는 중상류층이, 산 중턱에는 상류층이 모여 살고 있다. 도로가 잘 짜여져 있어 산 중턱이라 하여도 시내에 들어오는 데 걸리는 시간이 30분 이내라고 하니 조망권이 확보되는 산 중턱의 집값이 비쌀 수밖에 없을 것이다.

무지무지 짠, 무지무지 큰

버스를 타고 첫 목적지인 그레이트솔트 호로 향했다. 차창 밖으로 플라야 (건조 지역의 내륙 분지에 나타나는 염호)의 일부가 소금으로 남아 있는 곳이 여러 군데 보였다. 솔트레이크 시티 북서쪽에 있는 호수는 면적 약 4700km², 호안선 길이 500km, 너비 80km, 최대 깊이 11m, 평균 수심

그레이트솔트 호로 가는 길. 플라야의 일부가 소금으로 남아 있다.

4.5m로 빙하기에 형성되었다. 신생대 제4기 플라이스토세에 존재했던 거대한 보네빌 호의 일부가 남은 것으로 점차 축소되고 있다. 호수에는 베어 강, 웨버 강, 요단 강 등이 흘러들어 간다. 호수 가운데 있는 앤털로프, 스텐버리, 프리몬트, 돌핀, 햇, 큐브, 캐링톤 등의 섬에서는 가축을 방목하고 있다.

현재 이 호수의 염분 함유량은 25%나 되어 이스라엘의 사해보다 진하며 수영을 못하는 사람도 물에 뜬다고 한다. 대륙 내부에 있는 호수는 기후가 건조하기 때문에 물의 증발이 많아, 오랜 세월이 지나면 점차 농축되어 염류 농도가 높은 호수가 된다. 이를 내륙 염호 또는 내륙 함호라고 하며 사해와 그레이트솔트 호가 여기에 해당된다. 호수 전체 염분의 양이 약 60억 톤

그레이트솔트 호. 이스라엘의 사해와 비교할 만큼 물이 짜다.

이스라엘의 사해와 유타 주의 그레이트솔트 호 비교

내용	사해	그레이트솔트 호
넓이	880km²	4700km²
길이	85km	128km
폭	16km	80km
평균 수심	360m	4.5m
염도	약 24%(보통 바다의 8배)	약 25%
관련된 강	요단 강	요단 강
관련된 호수	갈릴리 호(물고기 많음)	유타 호(물고기 많음)
서식 생물	메추라기, 만나	메추라기, 야생 백합, 갈매기, 메뚜기(정착 후)
탈출의 기적	모세→여호수아	조지프 스미스→브리검 영

출처 : http://blog.naver.com/kcy4402?Redirect=Log&logNo=50002367050

이나 되며, 그 일부는 상업용으로 이용되고 있다. 짠물에서는 생물이 살 수 없을 것 같으나 조류(藻類), 작은 새우, 원생동물 등이 살고 있다.

호수를 배경으로 촬영을 하고 물가로 내려가서 물맛을 보니 대단히 짰다. 거구의 버스 기사가 몸집과는 달리 날렵하게 작은 새우를 잡아와 보여 주었다. 그렇게 짠물에 정말로 생물이 살고 있다니! 수영복을 입고 진짜 몸이 물에 뜨는지 확인해 보고 싶었지만 시간도 없었고 무엇보다 햇볕이 너무나 따가워 엄두를 내지 못했다.

호안에는 단구가 발달하고 있었는데 이는 보네빌 호의 규모가 점점 줄어들면서 형성된 것이다. 이러한 호안 단구는 주택이 들어서기 좋은 조건을 지니고 있다. 산 중턱이 계단 모양으로 만들어져 있다면 땅값이 다소 비싸긴 해도 경사지보다 주택을 조성하기에 좋을 것이다. 우리나라에서도 단구지형은 농사를 짓거나 취락이 조성되는 데 좋은 조건을 제공한다.

그레이트솔트 호에서 수영하는 사람들.

그레이트솔트 호 주변의 호안 단구. 과거 보네빌 호가 점차 규모가 줄어드는 과정에서 호안 단구가
형성되었다. 단구면이 과거의 수면을 나타낸다. *2005*

새로운 종교와의 만남

호수를 구경하고 솔트레이크 시티 시내로 들어섰다. 시내의 공기가 맑아 멀리 있는 건물이 무척 가깝게 보였다. 높은 건물이 없어 안정감도 들었다. 종교 도시인 데다 생활수준이 높아 슬럼이 없으며 범죄율도 매우 낮다고 한다. 또한 종교 도시답게 술 판매 제도가 엄격해 술집이 많지 않으며, 술은 21세 이상만 마실 수 있다. 술에 대한 규제가 엄격하다 보니 자연히 범죄율이 낮아지고, 이것이 또 미국에서 가장 살기 좋은 도시라는 명성을 유지하는 데 도움을 주는 것이다. 차를 타고 가는 도중에 유타 주 청사, 유타 주립

❶ 대회장(Conference Center) ❷ 교회 역사, 예술 박물관(Museum of Church History and Art) ❸ 가족 역사 도서관 ❹ 어셈블리 홀 ❺ 태버내클 ❻ 방문자 센터 ❼ 성전 안내 ❽ 솔트레이크 성전 ❾ 조지프 스미스 기념관 ❿ 상호 부조회 빌딩 ⓫ 교회 본부 빌딩 ⓬ 교회 행정 빌딩.

출처 : http://www.ldskorea.net/temple-square-area-zone.htm

대학교, NBA 농구단인 유타 재즈의 농구 연습장인 델타 센터 등 큰 건물이 눈에 들어왔다.

곧바로 이 도시의 심장부이며 관광 명소인 템플 스퀘어로 향했다. 이곳은 방문자 센터, 어셈블리 홀, 태버내클, 솔트레이크 성전, LDS교회 본부 빌딩 등으로 구성되어 있으며, 매년 800만 명 이상의 관광객이 찾아온다. 우리가 찾은 날은 평일인데도 관광객들로 북적거렸다. 이곳을 방문하는 전 세계의 모든 관광객은 자원 봉사자들의 도움으로 자국어로 안내를 받는다. 우리도 두 명의 한국 여대생 자원 봉사자의 안내로 설명을 들었는데, 건물의 구조나 생김새보다는 모르몬교 선전에 많은 의미를 두었다. 하기야 이곳은 모르몬교를 위해 존재하는 곳이지 관광을 목적으로 만들어진 곳은 아니니 종교를 선전하는 것은 당연한 것이라는 생각이 들었다. 그중 한 명은 부산에서 대학 생활을 하다 1년간 모르몬교를 위해 봉사 활동을 하러 왔다고 했다.

솔트레이크 성전은 40년에 걸쳐 완성된 건물로 1853년 4월에 착공하여 1893년 4월에 완공하였다. 일반 관광객은 입장할 수 없으며 침례, 성전 결혼, 죽은 조상들을 위한 구원 의식 등을 행하는 신성한 건물이다. 그 옆 태버내클(대예배당)은 철근을 전혀 사용하지 않고 나무못, 생가죽, 고리, 흰 대들보 등으로만 건축된 조개 모양의 건물이다. 세로 76m, 가로 46m, 높이 25m의 지붕은 돔 모양으로 기둥이 전혀 없다. 8000명을 수용할 수 있는 내부에는 크고 작은 1만 814개의 파이프로 이루어진 세계에서 가장 큰 오르간이 있다. 오르간 연주는 듣지 못해도 거대한 오르간을 한 번 구경했으면 했는데 마침 공사 중이라 입장할 수 없었다.

멀리 솔트레이크 시티를 둘러싼 산지가 보였다. 식생의 피복이 많지 않은, 과거 빙하에 의해 새로운 지형으로 바뀐 대표적인 빙하 산지였다. 로스

솔트레이크 성전.

앤젤레스나 라스베이거스의 사막에서 보는 산지와는 전혀 달랐다. 우리나라 산은 풍부한 식생에 아름다운 능선, 산모퉁이를 돌아서면 새롭게 전개되는 경관, 곳곳에서 발달하는 계곡과 하천, 산과 들이 유려한 선으로 이어지는 모습 등이 사람들의 발길을 끌어들이고 머무르게 한다. 이곳의 산은 그저 뼈대만 과장되게 튀어나온 악산이다. 물론 산기슭에는 식생도 제법 풍부했으나 전반적으로 고도가 높은 탓인지 산꼭대기 부근의 바위들은 한결같이 빙하의 침식을 받아 뜯겨 나간 자국이 뚜렷했다.

한국 식당 옆에 있는 선물 가게의 인상 좋은 주인은 이곳의 산세가 한국과 비슷하여(?) 로스앤젤레스에서 이사 왔다고 했다. 그러면서 로스앤젤레스는 사람 사는 곳이 못 된다고 손사래를 쳤다. 주인아저씨의 서슴없는 '안

솔트레이크 시티 근교의 주택과 이 지역의 산세. 산지의 말단부에 선상지가 발달하고 있고 거기에 주택들이 자리하고 있다. 위로 올라갈수록 집값이 비싸다고 한다. 도로 주변에는 주택과 공장이 혼재하고 있다.

녕하세요? 에 감동 받아 함께 사진까지 찍었다. 낯선 곳에서 열심히 살고 있는 아저씨의 건투를 빌었다.

색다른 경험

점심 식사 후의 나른함을 즐기는데 가이드가 외치는 소리가 들렸다. 온천 욕 하는 장소에 도착해 있었다. 숙소에 도착하기 전의 코스로 예정되긴 했지만 미국에서 온천욕을 한다는 것이 생경하게 느껴졌다. 오후의 따가운 햇살을 받으며 사람들이 노천욕을 즐기고 있었다. 솔트레이크 시티에서 약 386km 지점에 위치하고 있는 라바핫스프링(Lava Hot Spring)이라는 곳이었다. 이곳은 물의 온도가 매우 높아서 우리나라에서처럼 한 번 들어가면 30분을 앉아서 즐기는 것은 상상할 수가 없다고 한다. 온천을 끝내고 나온 일행들에게 어땠냐고 물으니 물이 너무 뜨거워 10분 이상을 들어가 있을 수가 없었다고 했다. 그래도 빠듯한 여정으로 지친 몸을 개운하게 하는 데 온천이 좋은 역할을 했다고 입을 모았다.

아메리카 원주민들은 이 온천물에 병을 치료하는 힘이 있다고 믿었다 한다. 우리는 짧은 일정이라 온천만 즐겼지만 현재 이곳은 골프를 비롯해서 산악자전거, 낚시 등을 즐길 수 있는 복합 관광지로 거듭나고 있다.

일행들이 온천을 즐기는 동안 반용부 교수님을 비롯한 세 사람은 짧은 탐사에 나섰다. 건기인데도 하천으로 흐르는 물의 양은 건기라고 믿기 어려울 만큼 풍부했다. 고산지의 눈이 녹은 물이 하천으로 유입됨에 따라 하천의 수량이 계속 유지될 수 있기 때문이다. 이는 이곳의 농업에 상당한 영향을 미쳐 넓게 펼쳐진 평원의 곳곳에서 작물의 재배 광경을 볼 수 있었다. 하천으로부터의 관개가 없었다면 생각할 수도 없는 모습이었다.

하천 주변에는 좁게 하안 단구가 발달해 있지만, 이 지역 전체에 광범위하게 형성되어 있는 지형은 화산 지형이었다. 지형이 융기한 듯한 땅과 화산 활동의 흔적이 심심찮게 관찰되었다. 곳곳에 용암이 흐른 자국과 화산암이 분포했는데, 특이한 것은 화산암 표면을 석회암이 서서히 막을 형성하면서 씌우고 있는 것이었다. 옐로스톤에서 가까운 지역이니 옐로스톤에 많이 분포하는 석회암과 지질적으로 동일할 것이었다. 제주도 협재굴의 벽에서 석회암 막이 형성되면서 작은 종유석이 자라는 광경을 보았던 기억이 났다.

라바핫스프링 주변의 암석. 화산암의 표면에 석회암이 자라고 있는 중이다.

라바핫스프링 주변의 탄화목. 색깔이 흰 것은 석회암 성분 때문이다.

자그마한 용암굴도 여러 군데 있고, 이곳에서 자라던 나무들이 용암이 분출할 때 파묻혀서 탄화목이 된 것도 심심찮게 관찰할 수 있었다. 이곳에서 화산 지형을 보게 될 줄은 몰랐다. 최근 며칠간은 계속 건조 지형만 보아 왔기에 여기도 당연히 건조 지형이 전부일 줄 알았다. 그런데 뜻밖에도 기후가 제공하는 건조 지형과 지구 내부의 선물인 화산 지형까지 덤으로 받은 것 같아 뿌듯했다. 더운 날씨에 제대로 눈을 뜰 수 없을 만큼 강렬한 햇살이 긴 했어도 자연의 다양성을 엿볼 수 있어 짧은 시간이 의미 있게 느껴졌다.

가이드가 건네준 아이스 바가 더할 수 없이 시원했다. 하긴 8월 하고도 하루 중에서 가장 덥다는 오후 두세 시경이었으니 그 더위를 이겨낼 장사가 없을 것이다. 그나마 한국의 더위와 달리 그늘에만 들어가면 거짓말같이 시원해지고, 공기가 건조해서인지 더위에 비해 땀도 잘 나지 않아 견딜 만했다. 허겁지겁 아이스 바를 먹으면서 기념품 가게에서 습관처럼 엽서 몇 장을 구입하고 버스에 올랐다.

옐로스톤의 관문, 포커텔로를 향해

라바핫스프링을 뒤로하고 이날 우리가 묵을 포커텔로를 향해 출발했다. 온천욕 덕분인지 버스 안은 다른 어느 때보다 조용했지만 그것도 잠시, 포커텔로를 향해 가는 도로 주변도 우리를 조용하게 내버려 두지는 않았다. 용암이 흘러내려 식을 때 수축하면서 갈라져 형성된 주상 절리가 도로 주변을 성벽처럼 둘러싸고 있었다. 잠은 어느새 저 멀리 달아났고 모두들 사진 찍기에 여념이 없었다.

답사 내내 느꼈지만 미국의 땅덩어리는 단순하게 크기만 한 것이 아니었

포커텔로로 가는 길목의 주상 절리. 화산 폭발에 의한 주상 절리가 상당히 긴 거리를 달리는 동안 계속 장관을 연출했다.

다. 지형학 책에 있는 지형이 하나도 빠짐없이 나열되어 곳곳에서 살아 숨 쉬고 있었다. 나중에는 하도 새로운 것이 많이 나와 경이롭지도 않았다. 그래도 이것이 한국 땅에서는 좀처럼 볼 수 없는 지형이라는 생각으로 느슨해 지려는 마음을 다잡았다.

포커텔로에 도착했다. 하루 동안 3개의 주를 거쳤다. 새벽같이 일어나 캘리포니아 주에서 비행기를 타고, 점심은 솔트레이크 시티가 있는 유타 주에서 해결했으며, 거기서 다시 버스를 타고 아이다호 주까지 이동했다.

아이다호는 산의 보석을 뜻하는 E Dah Hoe라는 인디언 말에서 유래한다. 면적은 21만 6456km², 인구는 129만 3953명(2000년)이며 주도는 보이시이다. 북쪽으로 캐나다, 동쪽으로 몬태나 · 와이오밍 주, 남쪽으로 유타 ·

네바다 주, 서쪽으로 오리건 · 워싱턴 주와 경계를 이룬다. 자동차의 번호판에도 Famous Potato라고 광고하고 있듯이 아이다호 주는 감자로 유명한데, 이는 주의 주요 수입원이 농업이라는 뜻도 될 것이다.

주요 관광지로는 용암이나 분석의 들판이 달의 표면을 연상케 하는 크레이터스 오브 더 문(Craters of the Moon) 국가 지정 기념지, 쇼쇼니 폭포와 북미에서 가장 깊은 헬스 캐니언(Hell's canyon)이 유명하다. 동쪽에 로키 산맥이 뻗어 있으므로 동으로부터 밀어닥치는 겨울철의 추위가 차단되어 위도에 비해 따뜻한 편이다. 이 지역을 흐르는 스네이크 강 유역에서는 곡물, 과일, 사탕무 그리고 유명한 감자를 생산한다. 저지대에서는 소, 양 등의 목축업이 번성하고 있다. 지하자원으로는 은이 많이 나며 커덜레인은 미국 최대의 은광이다.

아이다호 주 역시 주민의 상당수가 모르몬교도로 그 수는 주 전체 교인의 반수에 달한다. 도시에 따라서는 거의 90%의 인구가 모르몬교도인 곳도 있다. 예전에 포커텔로에서는 미소 축제라는 것이 열려 이 축제 기간 중에는 길을 걷다 사람들의 표정이 마음에 들지 않으면 신고할 수 있었다고 한다. 물론 재미로 하는 것이었겠지만, 만약 오래전 미소 축제 기간 중 이 도시를 방문했다면 나는 특유의 무뚝뚝하고 무표정한 얼굴로 인해 사람들에게 신고를 당했을 것이 분명하다. 그러고는 아주 어색한 미소를 지으면서 기부금을 내고 풀려나야 했을 것이다.

중국인이 경영하는 식당에서 김치찌개까지 잘 챙겨 먹고 호텔로 향했다. 레드라이언 호텔은 나지막한 2층 호텔로 편안하게 쉬기에 적합한 곳이었다. 내부 시설도 지금까지 머물렀던 호텔과 비교하면 괜찮은 편에 속했고 쾌적하게 수영까지 할 수 있었다.

오후 9시가 넘었는데도 밖이 어둡지 않았다. 저녁에서 밤으로 넘어가는 정도쯤의 어둠이라고 할까? 생각해 보니 그곳은 우리나라보다 훨씬 위도가 높은 곳이었다. 게다가 때는 여름이었으니 당연히 해가 늦게 질 수밖에 없었다. 북극권에서는 여름철에 해가 거의 지지 않는 것처럼 위도가 높을수록 일조 시간이 긴 것은 당연한데 습관처럼 오후 9시면 밤이라고 생각했다. 포커텔로의 위도를 실감하는 순간이었다.

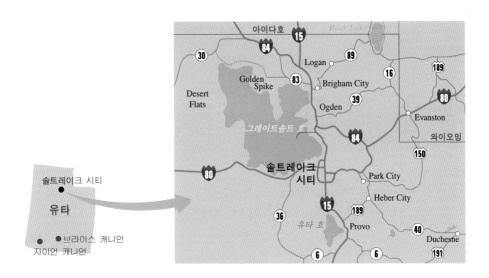

[위치]   유타 주의 그레이트솔트 호 남동 연안 해발 고도 1330m에 위치

[인구]   18만 1743명(2000년)

[역사]   • 1847년 브리검 영이 이끄는 신자들에 의해 모르몬교 중심 도시로 건설

　　　　• 1849년 이후 골드러시가 계속되면서 캘리포니아로 통하는 통로가 되어 물자 공급
　　　　 지로서 번영

　　　　• 1869년 대륙 횡단 철도의 개통으로 교역 집산지가 됨

[기후]   일교차가 매우 큰 건조 기후

[산업]   • 광업 외에 금속 · 기계 · 전자 기기 · 식품 가공 · 정유 등의 공업이 발달

　　　　• 개척 시대부터 교통의 요지로 철도 · 고속도로 · 항공로 등 교통망 발달하였으며 농
　　　　 축산물의 집산지

[문화]   유타 대학교 · 웨스트민스터 대학교 등을 비롯하여 교육 기관과 미술관, 도서관이 있
　　　　 으며 관현악단과 오페라단도 조직되어 있음

꿈에 그리던
옐로스톤으로

■ 8월 9일 : 포커텔로 → 베어월드 → 옐로스톤

포커텔로를 출발하여 곰, 무스, 엘크 등 옐로스톤 주변의 야생 동물을 직접 볼 수 있는 베어월드에 잠시 들렀다. 옐로스톤의 서쪽 입구를 통해 공원 안으로 들어가서 제일 먼저 들른 곳은 공원의 남서부에 있는 간헐천 지역이었다. 수백 개의 간헐천이 집중되어 있는 이곳에서 간헐천이 분출되는 것을 눈으로 확인할 수 있었다. 그러나 올드페이스풀 간헐천의 분출 규모는 생각보다 작았다. 간헐천 지역에서 빠져나와 다시 북쪽으로 이동하여 에메랄드빛의 온천과 석회화 단구를 따라 뜨거운 온천수가 흘러내리는 진풍경을 자아내는 매머드 온천을 마지막으로 옐로스톤 답사 첫째 날을 마무리했다.

'슈퍼볼케이노'로 미리 본 옐로스톤

U.S.A.! 이 이름은 너무 친숙하다. 어릴 때는 부산의 하야리야 미군 부대 주변에 살면서 피엑스에서 흘러나오는 미제 물건들을 선망했고, 철이 들고는 한반도 민주화의 걸림돌로 미국을 질시했다. 이러한 원초적인 선망과 질시가 미국이라는 나라를 마음을 열고 보려는 데 장애가 되었나 보다.

동공 검사를 받으면서까지 굴욕적으로 비자를 발급받고, 입국 심사대에서 불법 체류자 취급을 당하며 미국에 온 이유는 바로 이날 들어가게 될 옐로스톤 때문이었다. 답사 초록을 만들기 위해 영국 BBC가 제작한 과학 드라마 '슈퍼볼케이노'를 보면서 옐로스톤이 얼마나 의미 있고 흥미진진한 곳인가를 알게 되었다.

'슈퍼볼케이노'는 화산 폭발 후 마그마가 자동차를 집어삼키는 모습 등을 컴퓨터 그래픽을 사용해 사실적으로 그렸다. 또 드라마의 형식을 빌려 대재앙을 예견한 과학자들과 공황 사태를 막기 위해 그 사실을 숨기려 드는 정치인들 간의 갈등 가능성도 보여 주었다. 이 드라마가 방송된 후 미국 옐로스톤 화산 관측소에는 폭발을 염려하는 영국 시청자들의 문의가 쇄도했다고 한다.

사실에 바탕을 둔 과학 드라마라서인지 '단테스피크'나 '볼케이노' 등의 영화에 비해 훨씬 실감 나고 답사에도 많은 도움이 되었다. 같이 시청하던 우리 학교 아이들은 혹시 답사 중에 슈퍼 폭발이 일어나 선생님이 돌아오지 못하는 것 아니냐며 걱정하기도 했다. 그렇게 지구가 꿈틀거리는 역동적인 현장으로 들어가게 되었다.

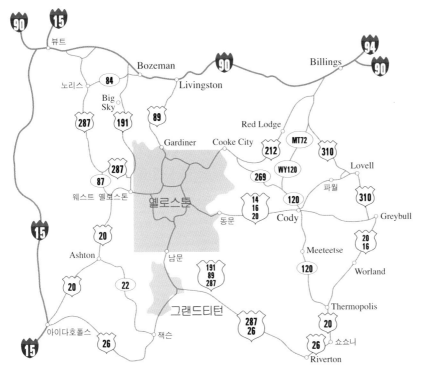

옐로스톤 주변 도로망.

북으로 북으로

옐로스톤의 관문 도시인 포커텔로에서 15번 프리웨이를 타고 계속 북진하였다. 미국의 고속도로는 프리웨이와 하이웨이로 나뉜다. 프리웨이란 신호가 없고 입체 교차로로 되어 있으며, 일정 구간에 출입구가 있어 그곳을 이용해서만 도로에 진입할 수 있는 도로이다. 캘리포니아 주 등에서는 무료이기 때문에 '프리'라고도 한다지만 여기에서 프리란 신호가 '없다'라는 의미이다. 동부의 뉴욕 주나 뉴저지 주에서는 이 프리웨이도 유료인 경우가 많고, 명칭도 익스프레스웨이(expressway) 또는 턴파이크(turnpike) 등으로 불리는 만큼 모두 프리(무료)는 아니다.

미국의 도로는 대부분 직선이며 지도도 일목요연하여 버스 맨 앞 좌석에 앉아 지도를 보며 지나가는 도시의 위치와 도로를 찾아보며 가는 것도 답사의 묘미이다.

옐로스톤으로 가는 고속도로 주변에는 남부에 비해 저온에 유리한 옥수수, 감자, 밀, 헤이(hay, 사료용 건초), 잔디 등이 많이 보였다. 밭 한가운데 돌돌 말아 놓은 잔디 롤은 처음 보는 경관이었다. 로스앤젤레스에서 모하비 사막을 횡단하여 그랜드 캐니언에 갈 때는 대륙 횡단 철도와 나란히 달렸는데 옐로스톤에 갈 때는 남북 종단 철도와 나란히 달렸다. 미국의 많은 물자

아이다호 주 15번 고속도로 주변의 농장. 동쪽 산지에서 흘러내리는 물을 이용하여 관개 농업을 하고 있다.

아이다호 주 남북 종단 화물 철도 주변의 농장. 잔디 롤이 이색적이다.

가 끝이 보이지 않게 이어진 화물 열차에 실려 운반되고 있었다.

　도로 표지판에 폴(fall)과 뷰트(butte)라는 지명이 보였다. 아이다호폴스에서 폴이라는 지명은 록키 산지 주변의 폭포선 도시에서 볼 수 있다. 그동안 숱하게 보아 왔던 건조 지형 산지인 뷰트는 몬태나 주에서는 주요 도시의 지명으로 쓰이고 있다. 뷰트란 프랑스 어로 '낮은 산' 또는 '언덕'이라는 뜻의 butte에서 유래한다. 단단한 수평층 암석으로 덮인 뷰트는 비스듬하게 경사져 있으며 정상은 평평하다. 수평 지층이 높이 솟아올라 대지(臺地)가 되고 이 대지가 침식을 받아 생긴 것인데, 단단한 바위가 약한 바위 위에 투구처럼 얹혀 있어서 밑에 있는 약한 바위가 침식되는 것을 막아서 형성된 지형이다.

　어머니의 젖가슴같이 아늑한 곡선을 가진 우리나라 산에 익숙해서인지 직선의 산이 낯설었다.

3개 주에 걸쳐 있는 옐로스톤

옐로스톤 국립공원은 와이오밍 주의 북서쪽과 아이다호 주의 북동쪽, 그리고 몬태나 주의 남쪽의 3개 주에 걸쳐 있는데 주요 지역은 거의 다 와이오밍 주에 위치한다. 오전 내내 아이다호 주를 북상하여 달려와서 11시경 몬태나 주에 위치한 웨스트 옐로스톤에 도착했다. 솔트레이크 시티에서 몬태나 주의 웨스트 옐로스톤까지는 약 528km이다. 옐로스톤 국립공원으로 진입하는 길은 여러 군데가 있으나 멀리서 비행기를 타고 오는 여행객들은 거의 모두가 솔트레이크 시티에 와서 여행을 시작하며, 이 경우 국립공원의 서쪽 입구인 웨스트 옐로스톤이 애용된다. 또 남쪽 입구를 통해 들어가는 것도 가능하나 우리는 내려오는 길을 남쪽 관문으로 잡았다.

몬태나 주는 면적 약 38만km²로 알래스카, 텍사스, 캘리포니아 주에 이어 미국에서 네 번째로 큰 주이다. 인구는 약 90만 명(2000년)이고, 주도는 헬레나이다. '보물 주', '빛나는 산', '스키의 나라' 등의 별칭처럼 몬태나 주의 산은 금 · 은 · 동 · 아연 · 석유 · 석탄 등을 산출하는 보물 같은 산이다. 서부에는 로키 산맥이 자리 잡고, 동부에는 그레이트플레인스의 구릉과 대지가 이어진다. 1881년에 뷰트의 구리 광산이 개발되고 1883년에 북태평양 철도가 개통된 후로 서부는 광업 지대, 동부는 밀 · 목축 지대로 발전하였다.

옐로스톤 국립공원 대부분이 위치하는 와이오밍 주에는 로키 산맥의 주맥 및 지맥이 남북 방향으로 뻗어 있다. 산지에는 숲이 우거져 있으나 고원은 스텝이며, 미시시피 · 콜로라도 · 컬럼비아 강의 3수계로 나뉜다. 쇼쇼니 족과 아라파호 족이 주로 살고 있던 이곳에 최초로 정착한 사람은 존 콜터 (John Colter)라는 사냥꾼이다. 1807년 옐로스톤 지역을 탐사하던 콜터가

들소가 그려져 있는 와이오밍 주의 기. 텍사스에서 카우보이들이 찾아들자 '카우보이 주'라는 별명처럼 목축의 주가 되었다.

온천이 있음을 발견했다. 그후 로버트 스튜어트가 와이오밍을 거쳐 오리건 통로를 개척해서 1834년 와이오밍에 최초의 영구 교역지인 포트래러미를 건설하였다. 오리건 통로·오벌랜드 통로 등이 가로질렀던 이 지역의 상당 부분은 1803년 미국이 프랑스로부터 루이지애나를 구입하면서 획득한 것이고, 서부 와이오밍은 영국과 오리건 조약을 맺으면서 차지한 것이다.

드디어 옐로스톤으로

우리가 묵은 숙소는 몬태나 주 웨스트 옐로스톤에 있었는데, 그곳에서 국립공원의 서쪽 입구까지의 거리는 2km가 채 안 되었다.

국립공원에 들어서서 조금 가다 보면 와이오밍 주로 들어간다는 팻말이 나온다. 옐로스톤 입구는 모두 다섯 개로 몬태나 주 웨스트 옐로스톤으로 들어가는 서문, 그랜드티턴 국립공원과 연결되는 남문, 애브사러카 황야로

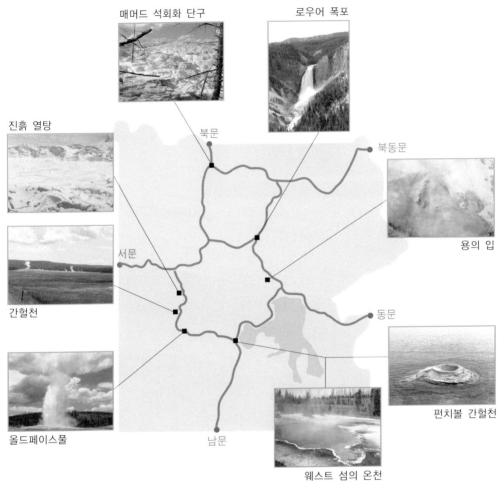

매머드 석회화 단구

로우어 폭포

진흙 열탕

북문

북동문

용의 입

서문

간헐천

동문

올드페이스풀

남문

펀치볼 간헐천

웨스트 섬의 온천

이틀간 돌아본 옐로스톤 국립공원 내부의 주요 지점과 사진.

빠지는 동문, 몬태나 주의 북문과 북동문이 있다. 그중 북문을 루스벨트 아치, 북동문을 실버 게이트라고 부른다. 대부분의 사람들이 서문으로 들어와서 옐로스톤을 일주한 뒤 남문으로 빠져나간다. 우리도 그랜드티턴의 경관을 보기 위하여 웨스트 옐로스톤으로 들어가 8자형으로 일주한 후 옐로스

옐로스톤 국립공원 입구. 1988년 대화재로 불에 탄 고사목이 곳곳에 보인다.

톤 호를 지나 남쪽으로 나갈 예정이었다.

옐로스톤 국립공원으로 들어서면서 우리 눈에 들어온 것은 불에 타다 남은 나무들의 잔해였다. 1988년에 옐로스톤 국립공원의 절반을 태운 엄청난 화재가 있었다. 상당수가 복구되고 새로운 나무들이 자라고 있었지만, 10년도 넘은 화재의 흔적은 여전히 도처에서 발견되었다. 또한 이곳은 매년 화재가 일어나 나무가 타들어 가고 있다. 화재로 불탄 나무는 2~30년이 지나면 곳곳에서 쓰러지고 그러는 한쪽에서는 삼림이 자연 복원되고 있다.

많은 사람들이 알고 있는 옐로스톤 국립공원의 올드페이스풀 간헐천, 매머드 온천, 그리고 이화산(泥火山, mud volcano) 등은 옐로스톤 국립공원 내 1만 개의 온천들 중 일부에 불과하다. 그러나 옐로스톤 국립공원이 세계에서 가장 큰 활화산 중의 하나인 옐로스톤 칼데라 내에 위치한다는 사실에 대해서는 모르는 사람들이 많다.

그러한 사실을 모르는 이유는 칼데라의 크기(대략 45×76km)가 엄청나게 크기 때문이다. 옐로스톤 칼데라는 일련의 대규모 화산 폭발이 일어났던

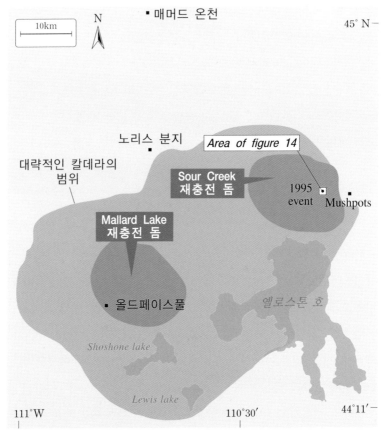

옐로스톤의 칼데라 범위. 대략 45×76km로 최근 대규모 폭발의 징후가 나타나고 있다.

시기(약 200만, 130만, 63만 년 전)에 분화했다. 그 당시 폭발의 규모는 근대에 발생한 모든 화산 폭발을 시시한 것으로 만들 만한 것이었다. 이 세 번의 화산 폭발 중에서 가장 규모가 컸던 200만 년 전의 폭발은 1980년의 세인트헬렌스 산의 폭발보다 적어도 2500배가량 규모가 더 컸다.

그 분화들의 원동력이었던 열점(熱點)이 옐로스톤 지역을 오늘날 그토록 유명하게 만든 온천들에도 동력을 공급하고 있다. 그리고 이 모든 화산 활동이 아직도 진행 중이고 계속해서 변화하고 있다는 증거로, 2003년 여름에는 증가하는 열(熱) 활동과 높은 지표면 온도 때문에 옐로스톤 국립공원 안에 있는 노리스 간헐천 분지의 일부 구역이 일시적으로 폐쇄된 적이 있었다고 한다.

옐로스톤 국립공원의 넓이는 약 9000km²로 우리나라 충청남도의 넓이와 비슷하다. 숲으로 덮인 화산 고원으로 빙하와 하천에 의한 침식 지형이 발달했다. 북·동·남쪽에 분포하는 산맥들로 둘러싸여 평균 고도는 약 2400m이다. 1610m 고도의 북부에서는 가드너 강이 발원하며, 동부에는 3462m의 애브사러카(Absaroka) 산맥의 이글(Eagle) 봉이 있다.

옐로스톤 국립공원은 세계에서 가장 다양하면서도 완벽한 열수 현상을 볼 수 있는 곳이다. 간헐천만 300곳으로 전 세계의 2/3가 이곳에 있다. 또한 다양한 색깔을 띠는 온천, 부글거리는 진흙 열탕, 뜨거운 물이 흘러내리는 분기공 등 1만 개 이상의 열수 현상이 일어난다. 열수 현상은 지표의 물이 스며들어 지하의 마그마를 만날 때 일어난다. 옐로스톤의 경우 지표에서 5km 정도의 얕은 깊이에 마그마가 있어 세계적으로 유명한 간헐천과 온천 등을 보여 준다.

오래된 친구 페이스풀 간헐천으로

　서문으로 들어가 매디슨 강을 따라 동쪽으로 가다가 매디슨에서 파이어
홀 강을 따라 천천히 남쪽으로 내려갔다. 안내 지도를 보니 파이어홀 강 주
변이 바로 옐로스톤의 칼데라 범위였다. 파이어홀(Fire hole)은 '불구멍'이
라는 뜻. 아닌 게 아니라 파이어홀 강 주변에 집중적으로 간헐천이 분포했
다. 증명이라도 하듯이 김이 모락거리기도 했고, 약하지만 수증기가 분출되
는 곳도 있었다. 그 정도는 준비 단계라고 했다. 우리가 지나가고 있는 땅
바로 밑에 세계 최대의 마그마 저장소가 있고, 그 열이 지하 수증기를 가열

옐로스톤 국립공원 내의 파이어홀 강 주변 간헐천.

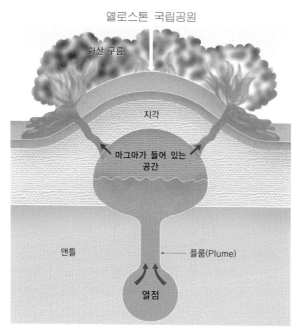

옐로스톤 국립공원

화산 구름

지각

마그마가 들어 있는
공간

맨틀

플룸(Plume)

열점

옐로스톤은 세계 최대의 마그마 저장소인 열점(hot spot)의 중앙에 위치한다.

하여 그러한 장관을 연출하고 있었다.

제일 먼저 간 곳은 상부 간헐천 유역 내의 올드페이스풀(Old Faithful) 간헐천이었다. 수많은 간헐천 중 가장 규칙적으로 폭발음과 함께 물보라와 열기를 뿜어 올려 관광객들에게 오래된 친구처럼 기쁨을 주는 '신뢰할 수 있는 간헐천'이란 뜻이다. 다른 간헐천들은 분출 시간이 일정하지 않아 관광객들이 주로 많이 찾는 곳이 올드페이스풀 간헐천이다. 낮 12시경 그곳에 도착하니 이미 분출의 마지막을 보여 주고 있었다. 다음 분출을 기다리며 소풍 온 듯이 풀밭에 앉아 점심을 맛있게 먹었다.

온천의 한가운데에서 뿜어져 나오는 간헐천은 희귀한 경우로 지표 부근에서 물이 통과하는 관이 좁아진 경우이다. 좁은 통로 아래에는 뜨겁게 상

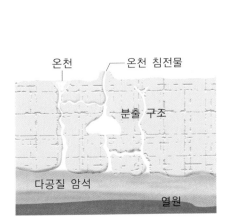

온천   온천 침전물

분출 구조

다공질 암석

열원

간헐천의 형성 과정.

공원에서 흔히 볼 수 있는 현무암 부석. 속돌 또는 경석이라고도 하며 비중이 작아 물에 뜬다. 마그마가 대기 중에 방출될 때 휘발성 성분이 빠져나가면서 작은 구멍들이 생긴 것이다.

승하는 물에서 만들어진 증기가 축적되고 이 증기가 좁은 통로를 통해 흘러 나오게 된다. 얕은 곳의 물이 감소하면 깊은 곳의 뜨거운 물의 압력이 급격히 감소하며, 이곳에서 물은 1500배 이상 팽창하고 끓게 되어 증기 폭발이 일어난다.

오후 1시쯤 되자 수많은 인파가 올드페이스풀 간헐천 주변으로 모여들었다. 몇 번의 펌프질 끝에 드디어 대규모 분출이 시작되었다. 물기둥의 높이와 분출 시간 등은 공원 관리인들이 항상 기록하고 있다. 분출 간격은 40분에서 126분까지 다양하다. 방문자 센터에 가면 여러 간헐천들의 분출 시간을 알 수 있다. 이렇게 매일 곳곳에서 땅이 분노(?)하기 때문에 백인들이 침략하기 전에는 인디언 부족 중에서도 가장 힘이 약한 '쉬뷔터' 부족만 거주하였다고 한다. 엽서에 있는 설명에 의하면 30~60m 높이로 5분

올드페이스풀 간헐천의 분출 장면.

올드페이스풀 간헐천. 주변에 관람
객을 위하여 나무 벤치를 만들어
놓았다.

동안 약 2만 8350*l*를 분출한다. 1시 20분쯤 준비 운동을 하더니 30분쯤 하늘 높이 물기둥이 치솟았다. 청명한 하늘과 힘차게 내뿜는 물기둥이 장관이었다. 노리스 간헐천 유역 내의 세계 최대 간헐천인 스팀보트 간헐천은 분출 높이가 100~200m에 달하는 때도 있다고 한다.

진흙 열탕과 다양한 색깔의 온천들

수백 개의 간헐천과 온천이 집중적으로 모여 있는 공원 남서쪽 간헐천 지역 다음으로 관찰한 것은 진흙 열탕(mudpot)이었다. 진흙 열탕은 지하수가 주변 암석을 녹여서 점토로 변화시킨 지역을 증기가 통과할 때 형성된다. 진흙의 색깔은 암석의 구성 물질에 따라 매우 다양하다. 대체로 산성인 물이 바위가 부서져 용해되는 과정을 도와준다. 뜨거운 물이 거의 없고 황화수소 기체가 있으면 황산이 만들어진다. 황산은 주위의 암석을 녹여서 이산화규소와 점토의 혼합 입자를 만드는데, 이들이 펄펄 끓으며 용솟음치는 진흙 열탕을 형성한다. 달걀 썩는 냄새와 기이하게 내뿜는 분기공의 쉭쉭거리는 소리, 그리고 뜨거운 진흙이 흘러내리는 진흙 열탕이야말로 가장 실감나게 옐로스톤을 느낄 수 있는 특징적 현상이다.

그러나 한편으로는 지극히 평화스럽고 잔잔한 웅덩이에 맑고 푸른 물이 고여 있는 에메랄드 온천, 오팔 온천, 사파이어 온천 등도 있었다. 뜨거운 물이 열에너지를 서서히 발산할 수 있는 환경에서는 온천을 만드는데, 이는 옐로스톤 내에서 일어나는 가장 다양하고 다채로운 열수 현상이다. 온천들은 모닝글로리(Morning Glory), 그랜드프리즈매틱(Grand Prismatic), 어비스(Abyss), 에메랄드(Emerald), 사파이어(Sapphire) 등의 이름이 붙은 것

미드웨이 간헐천 분지 내의 황금색 간헐천.

처럼 황량한 화산 평야에서 보석처럼 아름답게 빛났다.

한쪽에서는 구멍만 내보이며 지옥의 소리를 내고 있는 분기공이 보였다. 분기공은 이를테면 '지각에 있는 굴뚝'이다. 분기공은 온천이나 간헐천만큼 물이 충분하지 않으며, 지하수가 지하의 뜨거운 암석과 접촉해서 증기로 변한다. 증기는 암석의 틈새를 통해 상승하고 지표의 구멍을 통해 분출되는데, 맹렬히 분출되는 경우에는 땅이 흔들리며 천둥과 같은 소리를 내기도 한다.

간헐천 주변의 나무들은 간헐천의 확대로 밑동이 하얗게 변하면서 죽어가고 있었다. 번개로 인한 자연 화재도 있지만 뜨거운 지열을 견디지 못해

진흙 열탕.

괴기스러운 소리를 내는 분기공.

지열로 인해 화재를 입고 있는 고사목.

말라 죽어 가는 나무도 많았다. 하늘과 땅의 공격에도 굳건히 땅을 딛고 서 있는 침엽수림은 주로 로지폴소나무라고 했다.

거대한 옐로스톤 생태계

옐로스톤은 인간의 땅이 아니라 이곳 대지를 풀밭으로 여기는 수많은 야생 동물의 서식처이다. '거대한 옐로스톤 생태계(Great Yellowstone Ecosystem, 이후 GYE)' 는 옐로스톤의 경계를 인간의 시각이 아니라 야생 동물의 시각으로, 즉 야생 동물의 서식처와 이동 경로 등으로 생태계의 경계를 설정하는 개념이다.

현재 GYE는 옐로스톤과 그랜드티턴 그리고 10여 개 이상의 소도시, 7개 국유림, 3개 야생 생물 보호 구역, 20여 개 주ㆍ지방 행정 구역은 물론 숱한 목장, 도로, 아이다호 주, 와이오밍 주, 몬태나 주의 유전, 천연가스전을 망라한다. 하지만 벌새의 입장에서 보면 GYE가 중남미까지 확대되어야 한다.

옐로스톤과 그랜드티턴 국립공원은 GYE의 심장부이며, GYE는 옐로스톤과 그랜드티턴 국립공원의 지원을 받고 있는 하나의 몸체다. 두 국립공원과 GYE 가운데 하나라도 없을 경우 야생 생물은 존재할 수 없게 될 것이고, 두 국립공원과 GYE 모두 생명체를 찾아보기 힘든 곳으로 변할 것이다.

옐로스톤에는 엘크, 말코손바닥사슴(무스), 사슴, 그리즐리곰과 흑곰이 주로 많다. 1950~60년대 공원 당국은 입장자 수를 늘리기 위해 자연 상태의 곰들에게 먹이주기를 행하였다. 이 방법은 꽤 효과를 발휘하여 인간이 주는 먹이에 맛이 든 곰들이 빈번히 도로에 출몰해 관광객들에게 먹이를 얻어먹기 시작했다. 이로써 옐로스톤은 손쉽게 거대한 야생 곰을 가까이서 볼

옐로스톤 국립공원 내의 야생 엘크.

엘로스톤 국립공원 내의 야생 소 떼.

수 있는 명소로 유명해졌다.

그러나 곰에게 너무 가까이 접근했다가 다치는 관광객이 계속 생기자 당국은 먹이주기를 금지시켰다. 얻어먹을 게 없어진 곰들은 굶어 죽기도 하고 캠프장을 습격하기도 했다. 곰의 습격으로 사상자가 발생하게 되었고 이에 사살되는 곰들도 늘어, 결국에는 곰의 개체수 감소라는 치명적 결과로 이어졌다고 한다. 그래서인지 공원 곳곳에 독특한 쓰레기통이 있었다. 야생 곰이 먹이를 찾아 캠프장 주변까지 내려와 쓰레기통을 뒤지고 심지어는 사람을 공격하는 것을 막기 위한 것이었다.

회색곰과 흑색곰. 이 회색곰은 영화 '베어'의 주인공이다. 육식 동물로 인간을 공격하기도 한다.

공원 관리인. 경찰보다 강력한 권한으로 국립공원을 지키며 안내하고 있다.

옐로스톤의 늑대가 멸종된 것은 이곳을 침범한 유럽 인들이 늑대를 아주 싫어했기 때문이었다. 그러나 먹이 사슬의 우두머리인 늑대가 사라지자 옐로스톤의 생태계가 교란되어 결국은 회색늑대 복원 사업을 실행하게 되었다. 로키 산맥의 회색늑대 복원 사업은 성공에 이르기까지 긴 논의를 거쳤다. 1966년 복원 논의가 본격적으로 시작된 뒤 복원팀을 구성하여 복원 계획을 수립하고, 국민의 의견을 수렴하여 29년 만인 1995년에 로키 산맥 북부 지역에 회색늑대 66마리가 시험 방사되었다. 이런 장기간의 준비 과정을 거쳐 옐로스톤 국립공원과 아이다호·몬태나 주 등 로키 산맥의 회색늑대가 1000여 마리로 불어났다. 미국 정부는 회색늑대를 멸종 위기 종에서 제외하고 복원의 성공을 공식화했다.

옐로스톤의 주인들

옐로스톤 국립공원 홈페이지에는 어린이들을 위한 안내 메뉴에 서식하고 있는 동물들의 사진을 알파
벳순으로 올려놓았다.

출처 : http://www.nps.gov/yell/

A : 거미(Arachnid)

B : 들소(Bison)

C : 코요테(Coyote)

D : 꼬리가 검은 사슴
　　(Mule Deer)

E : 사슴(Elk)

F : 고양잇과(Feline-대표적
　　으로 퓨마)

G : 회색곰(Grizzly Bear)

H : 산토끼(Hare)

I : 곤충(Insect-대표적으로
　　모기)

J : 북미산 토끼(Jackrabbit)

K : 물떼새(Killdeer)

L : 긴꼬리족제비
(Longtail Weasel)

M : 말코손바닥사슴(Moose)

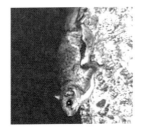

N : 날다람쥐
(Northern Flying Squirrel)

O : 물수리(Osprey)

P : 가지뿔영양(Pronghorn)

Q : 여왕벌(Queen Bee)

R : 수달(River Otters)

S : 뱀(Snake)

T : 송어(Trout)

U : 얼룩다람쥐
(Uinta Ground Squirrels)

V : 들쥐(Vole)

W : 늑대(Wolf)

X : 여우(Fox)

Y : 노란가슴마멋
(Yellow-bellied Marmot)

Z : 호랑나비
(Zigzag Fritillary)

옐로스톤의 표지 모델

폭포를 따라 북쪽으로 이동하니 남쪽 길에 비해 고도가 높았다. 주위 산지에서는 빙하의 흔적과 테일러스(낭떠러지 밑 등에 고깔 모양으로 쌓인 흙 모래나 돌 부스러기)를 관찰할 수 있었다.

목적지인 매머드 온천의 지명은 야생 코끼리들이 봄부터 겨울까지 샘으로 물을 마시러 들른 데에서 유래한다. 계단을 이루면서 흘러내리는 매우 특이한 지형으로 땅 밑에서 분출되는 뜨거운 광천수로 인해 김이 솟아나고, 그 광물질들이 그대로 응고되어 하얀 소금 덩어리처럼 보였다. 국립공원 안내도의 표지 모델이기도 하여 잔뜩 기대를 하고 갔는데 생각보다는 규모가 작았다. 안내인에게 사진과 많이 다르다고 했더니 10년 전에 비하여 유량

옐로스톤 국립공원 매머드 석회화 단구.

옐로스톤 산지에서 나타나는 빙하 침식곡.

이 줄어들어 그런 느낌이 들 것이라고 했다.

　매머드 온천을 끝으로 이날 답사를 마치고 웨스트 옐로스톤 여행 로지에 돌아오니 저녁 7시였다. 이전의 호텔 수준에 비히여 시설이 낡았지만 옐로스톤 공원 내에서 숙박을 하게 된 것도 행운이었다. 대부분은 이곳에 방이 없어 북쪽 가디너 호텔로 간다. 덕분에 기념품 상가들을 마음껏 돌아볼 수 있는 시간적 여유가 주어져 일행들은 곧장 거리로 달려 나갔다. 한국에 비해 소박하고 조용한 기념품 가게들을 둘러보고 허클베리 핀 양초와 엽서 몇 장만 사서 돌아왔다.

10일차

대자연의 파노라마

■ 8월 10일 : 옐로스톤 → 그랜드티턴 → 잭슨홀 → 포커텔로

웨스트 옐로스톤에서 동쪽으로 이동하여 캐니언 컨트리에 도착했다. 엉클 톰스 트레일을 따라 옐로스톤의 그랜드 캐니언이라 불리는 어퍼 폭포와 로우어 폭포 일대를 돌아보았다. 다시 남쪽으로 이동하여 공원의 남동부에 있는 옐로스톤 호를 중심으로 한 레이크 컨트리에 도착했다. 레이크 컨트리에서 팔팔 끓는 팥죽을 연상케 하는 진흙 열탕과 엄청난 수증기와 괴이한 소리, 코끝을 찌르는 듯한 유황 냄새가 인상적인 용의 입을 먼저 본 다음 약간 더 남쪽에 위치한 웨스트 섬으로 이동했다. 웨스트 섬에서는 1.2km의 산책로를 따라 에메랄드빛이 감도는 20여 개의 온천을 볼 수 있었다. 그중 어비스 풀은 깊이가 16m나 되는데도 바닥이 보일 정도로 맑고 투명하였다. 옐로스톤을 빠져나와 달리는 차창 너머로 잭슨 호와 그랜드티턴을 바라보며 잭슨홀로 이동하였다. 그랜드티턴은 지각 융기에 의해 형성된 거대한 단층 산맥으로 여기저기에서 빙하의 흔적을 볼 수 있었다. 그랜드티턴과 주변의 빙하호, 잭슨홀의 시가지를 조망하기 위해 케이블카를 타고 산 위로 올라가려 했으나 갑자기 바람이 심해져 케이블카의 운행이 중지되는 바람에 그대로 일정을 마무리하였다.

옐로스톤의 대협곡

미국 서부 답사 열흘째. 엉클 톰스 트레일(Uncle Tom's Trail)을 체험하기 위해 예정보다 1시간 빠른 새벽 4시 30분에 기상하여 간단히 아침을 먹고 옐로스톤으로 향했다. 먼동이 트고 있었다. 미국의 서부에서 보는 해돋이는 자연의 장엄함을 느끼게 했다. 폭풍을 예감한 간헐천들은 다른 날보다 수증기를 더 많이 뿜어내고 있었다. 1시간 30분 정도를 달린 끝에 대협곡에 도착했다.

어퍼 폭포. 옐로스톤 국립공원 내 캐니언 컨트리 입구에 위치하며 로우어 폭포에 비해서 규모가 작은 편이다.

옐로스톤에도 그랜드 캐니언이 있다. 옐로스톤의 그랜드 캐니언은 국립공원 중북부에 위치하고 있는 거대한 폭포와 계곡 들을 말한다. 노랑, 주황, 빨강, 갈색 등 그 색깔의 변화가 무궁무진한 협곡은 옐로스톤 호에서 흘러나온 옐로스톤 강이 만든 것으로 헤이든 계곡의 평원을 지나 협곡으로 들어선다. 낙차 33m의 어퍼 폭포를 지나면 낙차 94m의 로우어 폭포가 되어 떨어진다.

로우어 폭포를 보기 위해 328개의 계단을 내려가기 시작했다. 엄청난 높이에 다리가 후들거려 도저히 내려갈 용기가 나질 않아 중간에 주저앉았다가 일행들의 도움으로 무사히 다녀올 수 있었다. 계곡이나 폭포는 위에서 내려다볼 때보

아티스트 포인트에서 바라본 로우어 폭포. 아래쪽에 흐르는 작은 강과 물보라, 연하고 부드러운 색채의 협곡 벽면이 장관을 이룬다.

다 아래에서 올려다볼 때 그 위세를 더 실감할 수 있는 것 같다.

협곡의 장관을 볼 수 있는 전망대가 곳곳에 있었는데, 남쪽 가장자리에 있는 아티스트 포인트(Artist's Point)와 북쪽 가장자리에 있는 인스퍼레이션 포인트(Inspiration Point)의 경치가 그야말로 장관이었다. 아티스트 포인트에서 강과 오묘한 빛깔의 협곡이 어우러진 광경을 조망하자니 대자연에 대한 경외감이 저절로 들었다. 아티스트 포인트를 출발하여 옐로스톤 강

엘로스톤 국립공원. 멀리 초원에 버펄로 떼가 보인다.

을 따라 남으로 내려가던 중 들판에 가득한 버펄로(들소) 떼를 만났다. 한때 이 평원을 주름잡았을 그것들이지만 이제는 인간의 보호를 받아 종족을 유지하고 있었다.

다음에 도착한 곳은 진흙 화산(mud volcano)인 용의 입(Dragon's Mouth Spring). 진흙 화산은 진흙질인 땅속에서 가스가 분출할 때 솟아 나온 진흙이 쌓인 작은 언덕이다. 같은 분출구에서 가스가 되풀이해서 분출하면서 점차 커져 가는데, 생성 방법이나 형태가 화산과 닮아 이런 이름이 붙었다. 진흙탕에서 꾸역꾸역 연기가 나오는 장면이 아닌 게 아니라 서양의 옛이야기에 나오는 지옥의 입구나 용의 입에서 뿜어져 나오는 연기를 연상시켰다.

용의 입의 분출.

용의 입에서 나오는 연기.

지표면으로 나온 온천수.

옐로스톤 호 한가운데 화산 분화구인 펀치볼 간헐천이 있다.

호수 한가운데 분화구가 들끓고

서둘러 차를 타고 옐로스톤 호와 웨스트 섬(West Thumb, 호수의 서쪽이 엄지손가락 모양으로 돌출되어 있다)으로 향했다. 가는 길에 서부에서 전형적인 사행천이 연속적으로 나타났다. 반용부 교수님의 권유와 독려로 끊임없이 사진을 찍었지만 흔들리는 차 안이라 마음에 드는 사진이 찍히지 않았다.

옐로스톤 호는 말 그대로 청정 호수였다. 투명한 수면에 햇빛이 반사되자 너무도 눈이 부셔서 제대로 눈을 뜨기 힘들었다. 호수 가장자리에서 찰랑거리는 물이 너무 맑아 출입 금지선을 살짝 넘어가 손을 담가 보았다. 너무 뜨겁지도 차갑지도 않은 물이 손끝에 닿자 마음까지 상쾌해졌다. 호수 주위를 따라 걷는 중 펀치볼(Punchbowl) 간헐천과 같은 재미있는 지형도 볼 수 있었다. 이는 펑퍼짐한 분화구의 모양을 보고 붙인 이름으로 펀치볼은 화채 그릇 모양의 지형을 일컫는다. 휴전선과 맞대고 있는 강원도 양구군 해안면의 침식 분지에도 이러한 별명이 붙어 있다. 6·25 전쟁 때 격전이 벌어진 곳이라서 수많은 폭탄 세례로 만들어졌다는 설과 우주의 운석이 떨어져 생긴 지형이라는 등 논란이 분분했다. 현재는 화강암과 편마암의 차별 침식으로 만들어진 분지 지형이라는 지리학적 설명이 학계에서 타당성을 인정받고 있다.

옐로스톤 호는 북미에서 가장 큰 호수로 호수 주변의 둘레가 160km에 달하며 평균 고도는 2400m이다. 호수 주변으로 침엽수가 빽빽하게 자라고 있어 다양한 종류의 야생 조류와 동물들이 살고 있다. 침엽수림과 푸른 호

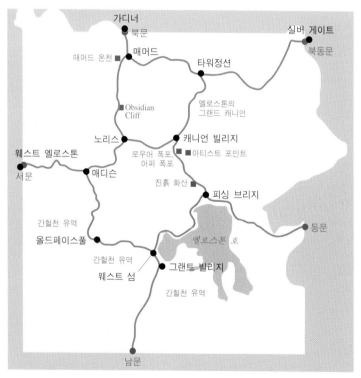

옐로스톤 국립공원의 관광 명소들. 옐로스톤 호는 칼데라의 중앙에 위치하며 손가락 네 개를 아래로 펼친 모양이다. 호수 가운데 있는 화구에서 분출되는 수증기가 끓고 있는 현장이다.
출처 : http://www.nps.gov/archive/yell/interactivemap/index.htm

웨스트 섬. 호수 안에서 뜨거운 온천수가 솟아오르고 있다.

수가 어우러진 풍경이 환상적인데, 호수의 가장 인기 있는 관광지는 북쪽 끝에 위치한 피싱 브리지(Fishing Bridge)이다. 근처에는 송어 양식장과 수족관이 있어 낚시와 보트 놀이를 즐길 수 있다.

웨스트 섬은 옐로스톤 호의 서쪽에 위치한 곳으로, 그랜트 빌리지 방문자 센터의 위쪽에 있다. 옐로스톤 호의 만에 해당하는 곳으로 호수를 배경으로 그 연안에 뜨겁게 끓어오르고 있는 샘들이 많이 모여 있다. 이 뜨거운 샘들은 물이 흘러나오는 구멍이 보일 정도로 맑은 물을 내는데, 물이 나오면서 내는 빛깔이 투명한 푸른색에서부터 시멘트 빛깔까지 매우 다양하다. 그 각각이 모여 이루는 빛깔의 조화도 아름답기 그지없다. 우리는 주로 옥빛 샘들을 볼 수 있었다. 한눈에 빠져들 것 같은 아름다운 빛의 향연…… 울타리가 쳐 있어 들어가 직접 만져 볼 수 없는 게 너무 아쉬웠다.

그랜드티턴 국립공원으로

아쉬움을 뒤로한 채 버스는 록펠러 기념 고속도로(Rockefeller Memorial Parkway)를 달

영화 '셰인'의 배경이 되었던 빙하 침식곡 그랜드티턴 산. 북미 대륙에서 가장 젊은 산으로 8월에도 녹지 않는 만년설봉이 인상적이다.

렸다. 그랜드티턴이 국립공원이 되는 데 큰 공헌을 했다는 미국의 갑부 록펠러를 기념하여 붙인 이름의 도로이다. 가는 도중 버스 안에서 미국 이민자들의 역사와 애환을 담은 영화 '미국 이민 100주년 기념행사'를 틀어 주었다. 영화에서 독립운동가 안창호 선생의 딸인 안수산 여사의 한마디가 가슴을 뭉클하게 만들었다. 안창호 선생이 고국으로 돌아가기 전에 딸을 불러 놓고 하신 말씀이었다.

"너는 훌륭한 미국인이 되어라. 그러나 너의 뿌리가 조선임을 잊지 말아라."

너른 들판을 달리다 탁 트인 저편 너머로 산꼭대기가 눈으로 덮인 그랜드티턴이 보이기 시작했다. 옐로스톤을 경험한 이후로 미국에서 다시는 탄성을 지를 일이 없을 줄 알았는데, 그랜드티턴이 보이자 그 아름다움에 입이 다물어지지 않았다. 서부 영화의 고전으로 알려져 있는 '셰인(Shane)'

스네이크 강변의 하안 단구 상에 퇴적된 둥근 자갈층.

(1953)은 그랜드티턴 국립공원을 배경으로 하고 있는데, 공원의 절경을 이용한 멋진 촬영으로 그해 아카데미 촬영상을 받았다. 영화의 마지막 장면에서 떠나가는 셰인의 앞길에 펼쳐지던 풍경을 배경으로 처음이자 마지막인 버스 여행자 단체 사진을 찍었다. 다른 여행객들이 그랜드티턴의 매력에 흠뻑 빠져 있을 동안 우리 일행은 사진 촬영 장소가 하안 단구였음을 알려 주는 증거 지형을 찾아다녔다.

옐로스톤 국립공원 바로 남쪽에 위치해 있는 그랜드티턴 국립공원은 옐로스톤 크기의 1/7밖에 안 되지만 미국의 어느 국립공원보다도 자연미가 넘치는 곳이다. 스네이크 강과 잭슨 호, 여름에도 눈이 쌓여 있는 산들은 옐로스톤과는 전혀 다른 신비로운 아름다움을 간직하고 있다. 공원 남동쪽으로 티턴 산맥이 있고 그 주변에 3000~4000m 급의 산들이 펼쳐지며, 동북쪽으로는 아래위로 길쭉한 모양의 잭슨 호가 자리하고 있다.

그랜드티턴 공원에서 가장 큰 호수인 잭슨 호. 스네이크 강을 막아서 만든 인공호이다.

이것들이 주변 환경과 어우러져 유럽의 알프스 분위기를 풍겼다. 이 공원의 기지는 서부극에 나오는 그대로 꾸며진 잭슨홀로 선물 가게, 레스토랑, 은행, 술집 등 마을 전체가 서부 개척 시대의 건물로 통일되어 있다.

티턴 산맥은 로키 산맥의 원줄기에 속하지만 그 생성 연도는 로키 산맥보다 5000만 년이 늦는 것으로 추정된다. 900만 년 전 커다란 지각 변화에 의해 융기된 산맥은 시초에는 1만m의 높이였다. 그러나 오랜 세월 동안의 침식과 풍화 작용에 의해 단단한 화강암만 남게 되었으며, 거대한 빙하 작용으로 오늘날의 높이와 모습으로 변했다. 티턴 산맥의 눈 덮인 봉우리들은 가까운 스네이크 계곡 위로부터의 높이가 2100m에 달하며, 그랜드티턴 산(해발 4190m)을 최고봉으로 한다.

단층 운동이 끝난 뒤 강물에 깎인 협곡을 따라 커다란 빙하들이 천천히 내려오면서 티턴 산맥을 가로질렀다. 빙하는 산기슭에 이르러 녹기 시작했고 위에서 실어온 암석과 토사가 그 자리에 쌓였다. 이 퇴적물을 모레인이라고 한다. 모레인은 대개 끝이 뾰족한 엥겔만가문비나무와 키가 크고 곧은 로지폴소나무로 덮여 있다. 이 나무들은 그랜드티턴 국립공원에 점점이 흩어져 있는 다양한 크기의 빙하호 기슭에 줄지어 서 있다.

빙하호들 가운데 가장 유명한 것은 제니 호이지만 그 밖에도 리·스트링·브레들리 호 같은 호수들이 있고, 일부 호수에는 거센 급류가 흘러 들어온다. 공원에서 가장 큰 호수인 잭슨 호는 스네이크 강을 가로질러 놓인 댐 때문에 생긴 호수이다. 공원의 크고 작은 강에는 물고기가 풍부하고 들소·사슴·영양 등이 떼를 지어 마음대로 돌아다닌다. 따뜻한 계절에는 가지각색의 들꽃들이 잇따라 피어나고, 어떤 들꽃은 눈이 채 녹기도 전에 꽃을 피우기 시작한다고 한다.

카우보이의 도시 잭슨홀

새벽에 일찍 출발해서 그런지 오전에 여러 곳을 볼 수 있었다. 드디어 점심 먹으러 가는 길. 이날의 피크닉 장소는 1998년 동계 올림픽 경기 대회가 열렸고 스키의 천국이라 불리는 잭슨홀의 공원이었다. 공원의 사방 입구가 엘크 사슴의 뿔을 쌓아 만든 아치문이었다.

이곳은 미연방 '어류및야생생물국(Fish & Wildlife Service)' 이 관리하는 곳으로 매년 겨울마다 5000에서 1만 마리의 엘크 사슴들이 옐로스톤에서 여름을 보내고 이곳으로 찾아온다. 엘크 떼는 따뜻하고 먹을 것이 있는 이곳에서 겨울을 보내고 봄이 되면 옐로스톤으로 이동을 하면서 살아간다. 겨울

잭슨홀 공원의 엘크 뿔로 만든 아치문.　전형적인 서부의 마을 잭슨홀의 역마차.　기념품 가게 앞의 버펄로 모양의 벤치.

이 끝날 즈음 저절로 탈락된 엘크 가지 뿔을 이곳의 보이 스카우트들이 모아 경매에 부친다. 상상이 안 될 정도로 싼 가격인데 그 수익금의 대부분은 다음 해에 엘크의 먹이를 구입하는 데 사용한다. 그런데 이곳까지 우리나라 한약 판매상이 와서 경매에 참여한다고 안내인이 귀띔했다.

우리 일행은 샌드위치와 과일 등으로 요기를 하고 주변 상점들을 둘러보기 위해 나섰다. 잭슨홀 기념품을 파는 곳도 있고, 서부 시대의 향수를 느끼게 하는 상점들도 여럿 있었다. 쇼핑의 천국답게 요즘 인기 있는 브랜드의 가게들도 보였다. 마을 곳곳에 우람한 버펄로 모형이 있었는데, 그 중에서 순한 눈을 가진 버펄로 모양의 벤치가 아직도 기억난다.

들뜬 마음으로 쇼핑을 마치고 기대하던 잭슨홀 케이블카를 타기 위해 서둘러 티턴 빌리지로 이동했다. 가는 길에 먹구름이 끼고 마른벼락이 치는 등 날씨가 변덕스러워졌다. 그래도 그랜드티턴의 아름다움을 산꼭대기에서 감상할 수 있다는 기대에 모두들 설레는 얼굴이었다. 오전에 고소 공포증을 겪은 한 사람만 제외하고 모두 케이블카를 타기 위해 버스에서 내렸다. 그러나 10여 분 후 비가 내리기 시작해 버스로 돌아올 수밖에 없었다. 폭풍이 불어서 케이블카 운행이 정지되었다. 다들 안타까워했지만 하는 수

스키 관광객을 수용하기 위한 펜션촌 티턴 빌리지.

없이 예정보다 일찍 숙소로 돌아가기로 했다.

　가는 길에 중국식 뷔페식당에 들러 저녁을 먹으려다가 우선 포커텔로의 숙소로 가서 짐을 푼 후 다시 오기로 했다. 우리가 예약한 식당에 중국인 단체 여행객 버스가 서 있었기 때문이다. 우리나라 단체 여행객들은 미리 식당을 예약하고 단체로 식사비를 지불하는 데 비해, 중국인 단체 관광객들은 사전 예약 없이 갑자기 찾아와 개인당 식사비를 지불해 시간이 많이 걸린다. 게다가 다른 사람들의 눈치도 보지 않고 시끌벅적거리며 밥을 먹기 때문에 마치 소 떼가 지나간 듯하다고 했다. 물론 좀 과장된 표현일 것이다. 나라마다 문화와 생활양식의 차이가 있다는 것을 다시 한 번 느꼈다.

11일차

세계 최초의
노천 광산

■ 8월 10일 : 8월 11일 : 포커텔로 → 솔트레이크 시티 → 로스앤젤레스

미국에서의 마지막 일정! 3일 전에도 들렀던 솔트레이크 시티로 돌아왔다. 솔트레이크 시티는 동계 올림픽, 대염호, 모르몬교 이외에도 구리 · 철 · 은 · 납 등의 광물 자원이 풍부하기로 유명한 곳이다. 그래서 찾아간 곳이 케네코트 빙엄 계곡 구리 광산이었다.

빙엄 계곡 케네코트 광산으로

이날은 여느 때와 달리 느긋하게 오전 7시 30분에 출발했다. 이틀이나 묵었던 레드라이언 호텔을 출발하여 1시간 반 만에 솔트레이크 시티 근처의 크리스털 온천에 도착했다. 옐로스톤을 올라갈 때는 용암 온천에 갔었는데 내려오는 길에는 다른 온천을 체험하기 위하여 염분이 들어 있는 소금 온천으로 갔다.

온천은 시설도 시원찮고 물 온도도 40℃ 이하인지 뜨뜻미지근했다. 미국인들은 샤워를 주로 하고 탕에 몸을 담그는 것을 즐기지 않기 때문에 미국에서 온천업은 별로 수익성이 없는 모양이었다. 이곳 온천은 몇 년 전에 우리 교포들이 공동 매입했다가 사업에 실패하고 다른 사람에게 넘긴 곳이라고 했다. 온천이나 찜질방과 목욕 시설은 대한민국을 따라갈 나라가 없는 것 같다.

솔트레이크 시내 한식집에서 점심을 먹고 세계 최초의 노천 구리 광산 케네코트 광산으로 갔다. 이 광산은 솔트레이크 시티 남서쪽 빙엄 계곡에 자리 잡고 있다. 광산 입구에서부터 거대한 산지가 새로운 지형으로 개석되고 있는 모습이 눈에 들어왔다. 50달러의 입장료를 내고 관광 버스가 들어서니 거대한 트럭이 나선형으로 파 들어간 광산 계단을 따라 끊임없이 무언가를 실어 나르고 있었다. 전망대에 올라서서 채굴되고 있는 광산의 규모를 보니 입이 딱 벌어졌다. 아무리 원경을 찍으려고 해도 카메라의 화면에 다 잡히지를 않았다.

광산에서 채굴한 구리를 실어 나르는 트럭의 바퀴.

빙엄 광산 전시관 내의 안내도. 달팽이 모양으로 계속 파 들어간 계단은 광물을 실어 나르는 도로로 이용된다.

엄청난 규모의 구리 광산이었다. 만리장성과 함께 인공위성에서도 보이는 대표적인 인공 구조물이라 하니 그 규모가 얼마나 큰지 짐작할 수 있을 것이다. 지름이 보통 성인 키의 두 배에 가까운 광산의 트럭 타이어를 보며 새삼 그 규모에 놀랐다. 미국이라는 나라가 가진 것들은 그것이 무엇이든 하나같이 그 규모가 엄청나다는 생각이 다시 한 번 들었다.

전시관에서 광산 개발의 역사와 구리 채굴 과정 등을 담은 영상물을 10분 정도 보았다. 전시관을 둘러보니 구리 채굴 과정과 회사의 역사에 관한 사진 자료와 입체적인 모형 등이 상당히 체계적으로 전시되어 있었다.

다니엘 잭킹(Daniel Jacking)의 유타 구리 회사가 경쟁사와 합작하여 대염호 근처의 산지에 있는 빙엄 계곡에서 단 2%의 구리를 포함하는 원석을

노천 채굴에 의한 광산 개발은 보통 10~20m 높이의 계단을 만들어 채굴한다.

노천 채굴로 고도가 점점 낮아지며 쇄설물이 흘러내리고 있다.

운반하기 시작했을 때, 주변 사람들은 그런 저품질의 원석으로는 적합한 광산을 만들 수 없다고 충고했다. 그러나 오늘날 다니엘 잭킹과 그 회사는 세계 최대 규모인 케네코트 유타 구리 광산(Kennecott's Utah Copper)으로 성장했다. 그들은 세계 최초의 노천 광산을 만들었고 저품질의 원석을 어떻게 적절히 채굴할 수 있는지를 보여 주었다.

인류 역사에서 가장 많은 구리가 빙엄 계곡에서 생산되었다. 노천광이 1906년에 최초로 시작된 이래로 60억 톤 이상의 바위가 제거되었다. 지구상에서 가장 큰 구멍인 빙엄 계곡은 매년 구리, 금, 은, 몰리브덴을 생산한다. 1992년 이후 선광 현대화 프로젝트를 통하여 현대화된 장비가 구리의 생산 비용을 감소시켰으며, 케네코트는 세계에서 가장 낮은 비용으로 구리를 생산하게 되었다.

지표에서 가장 가까운 빙엄 광산

광상이란 경제적으로 가치가 있는 광물 자원이 암석 속에 자연 상태로 집중되어 있는 곳이다. 인간이 사용할 수 있는 광물이나 암석은 크게 마그마에 의해 생성되는 화성 기원 광상과 지표 위에서 생성되는 지표 기원 광상으로 구분된다.

세계 최대의 구리 광상으로 알려진 칠레의 추키카마타 광산이나 미국의 빙엄 광산은 대표적인 화성 기원 구리 광상으로 태평양판이 남·북미대륙판 아래로 침강하고 있는 곳에 형성되어 있다. 이런 지하 깊은 곳 화성암 속의 틈에 광석이 침전하여 만들어진 광상은 품위는 0.4~1% 정도로 낮으나 광량은 1~10억 톤으로 대규모의 광상을 형성한다.

255톤의 원석을 실어 나르는 운반 트럭.

98톤 들이의 커다란 전기삽을 장착한 장비.

이곳 빙엄 광상은 지표에 노출되어 있거나 지표에서 깊지 않은 곳에 발달되어 있어 노천 채굴을 할 수 있다. 우리나라는 수직갱을 파고 자꾸 심층 채굴을 하다 보니 갱내 사고도 잦고 채탄비도 많아져서 폐광이 늘고 있는 것과 상당히 대조적이다.

빙엄 광산에서는 대략 45만 톤의 물질들이 매일 제거되는데 그중 약 1/3이 원석이고 2/3는 버려지는 돌이라고 한다. 그러나 매년 쏟아지는 엄청난 폐기물과 무너져 내리는 산지가 환경에 미치는 영향에 관해서는 별 설명이 없었다.

케네코트 구리 회사는 우수한 기술력과 풍부한 자본을 바탕으로 칠레 추키카마타 광산에도 진출하여 평균 52.8%의 이윤을 거두어들였었다. 이로 말미암아 칠레에 반미 전선이 구축되어 1970년 아옌데는 구리 광산의 국유화를 공약으로 내걸고 출마하여 대통령에 당선되었다.

케네코트도 만만하게 물러나지는 않았다. 자신들이 거두어들인 엄청난 이윤에도 불구하고 자사의 재원을 투입하지 않고 외국으로부터 돈을 끌어와 국유화 바로 전 해에 거대 구리 기업들이 착수한 확장 계획을 추진했다. 법률 조항에 따라 칠레 정부는 7억 2700만 달러가 넘는 엄청난 액수의 외채

를 떠안았으며, 이들 기업 중 하나인 미국의 모기업 케네코트에 진 빚을 갚
아 주었다고 한다. 아옌데 대통령은 반란군에게 사살되었고, 칠레의 광산은
다시 미국의 소유가 되었다.

　현재 케네코트의 지분은 얼마일까? 가진 자가 더하다고 이렇게 엄청난
자원을 가지고도 더 많이 가지기 위해 다국적 기업은 제3세계 민중의 재산
과 노동력을 착취하기 위하여 지금도 세계를 누비고 있을 것이다.

[부록 1] 3대 캐니언! 지질 시대로의 탐험

이 글은 지리누리의 미국 서부 답사팀의 일원이자 지도 교수로 함께 답사를 마친 반용부 전 신라대학교 지역정보학과 교수의 글이다.

    미국에는 원시 상태의 자연환경을 그대로 간직하고 있는 곳이 많다. 사람들이 접근하기 어려운 험준하고 광대한 지형 환경을 가지고 있기 때문이다. 그러나 이보다 더 중요한 사실은 미국 정부가 미국의 자연환경을 보전하기 위하여 힘쓰고 있다는 것이다. 미국 정부는 엄격한 자연환경보전법을 제정하여 환경이 지켜지도록 하고 있으며, 미국 국민들은 이를 잘 지키고 있다.

    이러한 정부의 노력으로 관광 자원화된 아름다운 자연환경이 미국을 세계 제1의 관광국으로 성장시켰고, 매년 미국을 찾아오는 관광객들의 발길이 끊이지 않고 있다. 관광 산업은 수많은 일자리를 만들어 냈고, 관광 산업과 관련된 각종 산업은 호황을 누리고 있다. 미국의 국제공항은 전 세계에서 몰려오는 관광객들로 붐비고 호텔, 음식점, 운수업 등은 불황을 모른다.

    미국 서부의 로키 산맥 줄기가 뻗어 있는 고원 지대인 와이오밍, 네바다, 유타, 콜로라도, 애리조나, 뉴멕시코 주 일대는 해발 약 1000~3000m의 고도를 가진 높은 지역이다. 그중 콜로라도 고원은 콜로라도 주에 있는 것으로 생각하기 쉬우나 애리조나 주 북서부 일대의 화산 활동 지역으로 둘러싸여 있다.

    이 고원 지대에는 침식 받고 남은 바위 덩어리인 메사(mesa)나 뷰트(butte)와 같은 지형이 솟아 있고 용암(마그마)의 관입으로 형성된 화산체의 산봉우리들이 나타난다. 위쪽으로 볼록하게 솟아오른 찐빵 모양의 병반(laccolith)이 지표면에 솟아 있기도 하다. 평탄한 지표면 바위의 연한 부분은 침식되고 단단한 부분만 남아 톱날처럼 길게 뻗어 있는 암체인 화산경(volcanic neck)도 있는데 뉴멕시코 쉽록(shiprock)이 유명하다.

융기 작용을 받았던 이 고원 지대에는 로키 산맥과 유타 주의 워새치 산맥과 콜로라도 대지, 그레이트베이슨, 그레이트솔트 호, 그레이트솔트레이크 사막, 그리고 이 지역을 흘러가는 콜로라도 강이 침식한 거대한 침식곡들이 발달해 있다. 그중에서도 우리에게 잘 알려져 있는 그랜드 캐니언, 브라이스 캐니언, 자이언 캐니언이 미국 국립공원 가운데 가장 유명한 지형 경관을 자랑하는 곳이다.

광활한 고원에 펼쳐진 유년기 골짜기 그랜드 캐니언

지리적 관심이 있는 사람이라면 누구나 동경하는 그랜드 캐니언. 한없이 넓은 미국 서부의 사막과 평야를 지나 넓고 평탄한 고원 지대가 끝없이 펼쳐지고 있는 대지에 이러한 대협곡이 형성되어 있으리라고는 상상하기 힘들 것이다.

그랜드 캐니언은 콜로라도 강이 애리조나 주 북쪽의 콜로라도 고원 지대를 이리저리 굽이쳐 흘러가면서 깊게 파 놓은 거대한 규모의 유년기 골짜기이다. 골짜기의 폭이 좁고 경사가 가파르며 깊게 파인 계곡을 지형학적 용어로 유년기 골짜기라고 한다. 우리나라 울진의 불영 계곡이나 한탄강의 고석정 일대가 유년기 골짜기에 해당하지만 그 규모가 그랜드 캐니언에 비할 바는 못 된다.

수직으로 좁고 깊게 파인 골짜기라서 멀리서는 전혀 보이지 않기 때문에 광활한 평원이 끝 간 데를 모를 만큼 무한히 펼쳐져 있는 것 같다. 그러나 골짜기 가까이로 접근하면 1800m 깊이를 가진 수직 절벽의 놀라운 경관에 저도 모르게 탄성을 지르게 된다.

콜로라도 강.

그랜드 캐니언 일대는 단순히 넓고 평탄한 지형으로 보이지만 실제로는 해발 고도가 약 2000~2300m 되는 높은 고원 지대이다. 한라산의 높이가 1950m인 것과 비교하면 그 높이를 짐작할 수 있을 것이다. 그랜드 캐니언 의 규모는 계곡의 길이 400km, 너비 6~30km, 깊이 약 1800m이다. 수치 로는 그 크기가 전혀 상상되지 않는 그곳에 콜로라도 강이 가느다랗게 선을 그리며 구불구불 흘러가고 있다.

깊은 골짜기 아래 강바닥을 황토색 콜로라도 강물이 엄청난 힘으로 깎아 내고 있다. 얼마나 오랜 시간 동안 끊임없이 깊게 팠으면 1800m나 되는 깊 은 골짜기를 만들어 냈을까? 어떻게 이렇게 수직으로 깊은 골짜기가 형성 되었을까?

강이 파 놓은 양쪽 절벽에는 오랜 세월에 걸쳐 시루떡 모양으로 차곡차곡 퇴적된 지층이 고스란히 속살을 드러내 놓고 있다. 여기에는 지구의 형성 역사를 보여 주는 지질 역사가 낱낱이 기록되어 있다.

그랜드 캐니언은 지질 시대 중 선캄브리아기(고생대 이전)는 46억 년 전부 터 약 6억 년 전까지 40억 년간 계속되었고, 캄브리아기는 6억 년 전부터 약 1억 년간 계속되었다. 그랜드 캐니언에는 선캄브리아대와 고생대(6억 년 전부터 2억 8000만 년 전까지 약 3억 2000만 년간 지속됨)의 퇴적암ㆍ 화성암ㆍ변성암이 노출되어 있으며, 선캄브리아대의 20억 년 전부터 17 억 년 전까지 약 3억 년 기간 동안의 지층과 12억 년 전의 지층이 퇴적되어 있다.

그러나 그랜드 캐니언에는 17억 년 전부터 12억 년 전까지의 5억 년 기간 의 지층과 12억 년 전부터 6억 년 전까지 6억 년 동안의 지층, 2억 8000만 년 전 이후인 고생대 이후의 지층이 침식으로 없어져서 찾아볼 수가 없다. 즉, 그랜드 캐니언에는 고생대 이전의 선캄브리아대의 일부 지층과 고생대

사우스 림에서 바라본 그랜드 캐니언.

지층이 퇴적되어 있으나 중생대(2억 3000만 년 전~약 7000만 년 전)와 신생대(7000만 년 전 이후~현세) 지층은 빠져 있다.

　그랜드 캐니언의 지형 발달 과정을 지질 시대와 연계하여 보면 선캄브리아대 약 20억 년 전의 이 지역은 넓은 바다였다. 오랜 기간 동안 주변의 산지에서 침식 운반되어 온 퇴적물이 약 3억 년 동안 계속 쌓이면서 기저 지층을 형성하였고, 이것이 17억 년 전에 융기 작용으로 해수면 위로 솟아올랐다. 그러나 침식으로 약 5억 년간의 지층은 없어졌다. 그리고 12억 년 전부터 다시 침강하여 약 4000m 두께의 지층 퇴적이 이루어졌다. 그런 다음 다시 6억 년 전까지 융기 작용으로 지층이 침식 제거되었고, 또다시 침강하면서 고생대층이 퇴적되었다. 그 후 또다시 서서히 융기하면서 콜로라도 강의 침식 작용으로 천길만길 낭떠러지의 깊은 골짜기를 계속 파 내려가고 있다.

그랜드 캐니언을 찾는 사람들은 누구나 이곳에서 조물주의 놀라운 솜씨와 이 자연을 조성한 숨결을 느낄 수 있을 것이다.

섬세한 솜씨로 빚어 놓은 브라이스 캐니언

유타 주 남쪽에 위치한 브라이스 캐니언에는 붉은빛의 아름답고 신비로운 '후두'라는 지형이 발달되어 있어 전 세계의 관광객들을 불러들인다. 후두(hoodoo)는 높이 4~45m, 너비 3~8m의 붉은빛을 띠는 바위기둥(암주)인데 브라이스 캐니언에는 수만 개의 후두가 늘어서 있다. 후두의 모양은 첨탑 궁전 또는 사람이나 동물의 형상은 물론이고 사냥꾼, 빅토리아 여왕, 인디언 공주, 외계인, 토끼, 성곽의 형태 등 다양하고 섬세하다.

브라이스 캐니언에는 신생대 제3기층(약 7000만 년 전)부터 중생대 쥐라기까지의 지층이 노출되어 있는데, 후두는 이 지층의 상단부에 발달되어 있다. 지층이 풍화 작용과 침식 작용을 거치면서 암석에 수직 · 수평의 절리가 발달하고, 여기에 밤과 낮의 기온 교차에 따라 수분이 얼었다 녹는 과정이 반복된다. 수분이 얼면서 부피가 팽창하므로 절리 면의 틈새에서 동결 쐐기 작용이 진행되고, 이에 따라 넓어진 절리 면에서 풍화와 침식 작용으로 독특한 형태의 아기자기한 지형이 발달하게 된 것이다.

후두는 자연이 빚어낸 최고의 걸작 조각품으로 후두가 만들어지기까지는 상상할 수 없을 정도의 오랜 시간이 소요된다. 후두를 형성시킨 지층은 클라론층(Claron formation)으로 이 지층은 실트암과 이암을 비롯한 몇 개의 서로 다른 암석으로 구성되어 있다. 그 중 가장 대표적인 암석이 석회암이

브라이스 캐니언의 다양한 모양의 후두.

다. 플라이스토세의 다우기뿐만 아니라 신생대 제3기의 습윤 기후가 지구
전체를 온난 다습하게 하였는데, 이때 호수나 바다였던 유타의 서부 지역을
비롯한 그레이트베이슨 지역에 탄산칼슘이 퇴적되어 형성된 것이 이 석회
암이다.

　브라이스 캐니언 지역의 고도는 해발 약 2500m로 밤과 낮의 기온 교차가
크고, 야간에는 영하로 기온이 하강하는 것이 1년 중 약 200일 이상이다.
그만큼 동결과 융해 작용이 반복된다. 한편 이 지역의 맑은 공기는 약산성

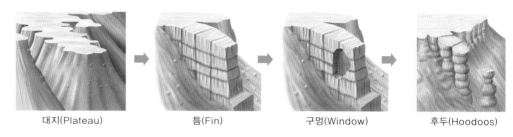

| 대지(Plateau) | 틈(Fin) | 구멍(Window) | 후두(Hoodoos) |

후두의 형성 과정.

의 탄산을 함유한 강우를 유발해 이 빗물이 석회암을 용해시킨다. 이러한 과정을 거쳐 후두의 가장자리가 둥근 모양을 이루게 되었고, 광물성 마그네슘에 의해 강화된 백운석으로 둘러싸인 석회암은 빗물에 의한 용해 작용이 더디 진행되면서 후두가 잘 보존되고 있다.

브라이스 캐니언의 후두는 계절에 따라서 또는 일출과 일몰시에 태양 광선의 입사 각도의 변화로 그 색깔과 형체가 보는 장소에 따라 모두 다르다. 선셋 포인트(약 2300m)는 브라이스 캐니언 국립공원에서 가장 아름다운 경관을 볼 수 있는 곳이다. 이곳에서 후두를 바라보면 이산화망간(자줏빛)을 포함한 산화철, 적철광(붉은빛), 갈철광(노랑색)의 포함 여부에 따라 다양한 색채가 나타나 신비로움을 더해 준다.

남성미가 넘치는 장엄한 신의 정원 자이언 캐니언

오랜 시간 차를 타고 평탄한 고원 지대를 지나서 자이언 캐니언으로 들어서는 순간 갑자기 눈앞에 전개되는 큰 산같이 거대한 바위 덩어리들은 자이언 캐니언을 찾아오는 관광객들을 일시에 압도한다. 거대한 기반암 덩어리들이 여기저기 도열하여 있어 장엄한 경관을 이루는 자이언 캐니언은 버진 강과 그 지류들의 침식 작용에 의해 형성된 것이다. 하천이 파 놓은 계곡 양

신의 손으로 만든 자이언 캐니언.

옆의 백여m 이상 되는 암석 사면은 붉은색 또는 회백색을 띤다.

눈앞에 보이는 암석의 층은 정교하면서도 퇴적층의 경계가 선명하고, 지층 내에는 바람이나 흐르는 물에 의하여 형성된 흔적이 잘 나타나 있다. 계곡의 양옆으로 수직 경사를 이루는 곡벽은 눈부신 푸른 하늘과 맞닿아 있고, 좁은 계곡은 사암으로 형성되어 크림색·핑크색·붉은색의 다양한 색깔을 나타내 보인다.

자이언 캐니언을 구성하고 있는 암석은 석회암, 이암, 실트암, 사암, 역암 등이다. 자이언 캐니언을 이루고 있는 퇴적층의 지질을 통하여 자이언 캐니언의 형성 역사를 살펴보면, 자이언 캐니언의 최상부층은 브라이스 캐니언의 최하부 층과 대응한다. 또한 자이언 캐니언의 최하부층은 고생대 말 페름기의 지층인 카이바브(Kaibab)층인데 이 층은 그랜드 캐니언의 최상부층

자이언 캐니언의 지질 단면도

암석층	외관	분포	퇴적	암석 종류
Dokota Formation	절벽	Horse Ranch Mountain의 정상	하천	역암과 사암
Carmel Formation	절벽	Mt. Carmel Junction	얕은 바다와 해안 사막	석회암, 사암, 석고
Temple Cap Formation	절벽	웨스트템플의 정상	사막	사암
Navajo Formation	• 490~670m 높이의 가파른 절벽 • 최하층부는 산화철에 의해 붉음	• 자이언 캐니언의 높은 절벽 • 가장 높이 있는 노출부는 웨스트템플과 체커보드 메사 • 세상에서 가장 긴 사암 절벽	• 사막의 사구가 덮고 있음 • 퇴적 작용이 격자형의 성층을 만드는 동안 바람의 방향이 바뀜	사암
Kayenta Formation	바위가 많은 경사면	협곡 곳곳에 분포	하천	실트암, 사암
Moenave Formation	경사면과 암붕	최하층의 붉은 절벽이 자이언 캐니언 방문자 센터에서 보임	하천과 연못	실트암, 사암
Chinle Formation	자줏빛의 경사면	록빌(Rockville) 위	하천	세일, 유리된 점토, 역암
Moenkopi Formation	흰색 띠가 나타나는 초콜릿색 경사면	버진 강에서 록빌에 이르는 바위가 많은 경사면	얕은 바다	세일, 실트암, 사암, 이암, 석회암
Kaibab Formation	절벽	Kolob Canyon 근처 허리케인 단층의 급경사면	얕은 바다	석회암

에 해당한다. 그리고 Moenkopi, Chinle, Moenave층에는 중생대 초의 트라이아스기 퇴적물이 덮이고, 다시 이들 위에는 나바호 사암과 Temple cap이 퇴적되었다.

나바호 사암은 그 분포지가 넓고 사암이 퇴적되어 있는데, 이 사암층에 바람이나 물에 의하여 운반·퇴적된 층리가 있는 것으로 보아 퇴적 당시 이 지역은 해안 지대의 사막이었을 것이다. 또한 자이언 캐니언의 지층 노두에서 발견되는 내용으로 보았을 때, 자이언 캐니언은 고생대 말부터 중생대를 지나 신생대 제3기에 이르는 기간 동안 퇴적된 지층으로 구성되어 있다.

[부록 2] 모르몬교

모르몬교의 발생과 전파 과정

모르몬교는 1830년 미국 뉴욕 주의 맨체스터에서 조지프 스미스 2세가 창건하였다. 조지프 스미스 2세는 어느 날 환상을 보고 환상의 계시대로 뉴욕 팔미라 근처 언덕 아래 묻혀 있었던 황금판을 발견하였다. 그가 이 비밀을 풀어 기록한 모르몬경이 1830년경에 출판되었으며, 말일 성도 예수 그리스도 교회가 창설되었다.

모르몬교의 정식 명칭은 Church of Jesus Christ of Latterday Saints이다. 한국에서는 '말일 성도(末日聖徒) 예수 그리스도 교회'라고 부르다가 2005년 7월부터 '예수 그리스도 후기 성도(後期聖徒) 교회'로 바꾸었다. '예수 그리스도 후기 성도 교회'는 이 교회의 공식 명칭이며, 교인들은 외부 사람들이 일컫는 모르몬교라는 별명보다 공식 명칭으로 호칭되는 것을 좋아한다.

그들은 독특한 교리를 지니고 근면성과 용기로 초기부터 번성하였으며, 이로 인해 대부분 개신교 신도들이었던 인근 주민들로부터 많은 핍박을 받았다. 이들은 여러 곳을 전전하는 도중에 당시 일리노이 주에서 가장 큰 도시인 노부(Nauvoo)를 미시시피 강 근처에 건설하였다. 그러나 박해가 더욱 심해져서 결국은 미국 서부 개척의 장대한 역사를 이루는 로키 산맥 너머로 대이동을 시행하였다.

현재는 유타 주 솔트레이크 시티에 본부를 두고 있으며, 신도 수가 전 세계에 약 1200만 명이다. 근래에는 미국 이외의 신도 수가 더 많은 것으로 알려져 있으며, 미국에서는 두 번째로 빠르게 성장하고 있는 교회이다.

모르몬교도들은 스스로 '참된 교회' 또는 '회복된 교회'라고 주장하고 있고, 청교도적인 생활과 친절하고 성실하며 정직·근면함으로 인하여 사회 발전에 기여도가 크다는 평가를 받기도 한다. 다른 한편으로는 배타의 대상이 되고, 특히 개신교도 중의 일부는 적대적 입장에서 이단으로 치부한다.

1843년 스미스가 계시에 따라 일부다처제를 인정하자 곳곳에서 중혼(重婚)을 규탄하는 여론이 높았다. 그리하여 1844년 스미스가 무장한 폭도들에 의하여 교도소에서 살해된 데 이어, 상당수의 교인이 살해되거나 피신하는 사태가 벌어졌다.

스미스의 뒤를 이어 브리검 영이 교회장으로 선출되었다. 그는 극한 상황에 있는 교인들을 이끌고 황무지인 서부로 개척의 길을 떠났는데, 일리노이 주 정부로부터 추방 명령을 받은 것이 가장 큰 계기가 되었다. 브리검 영과 교인들은 1847년 7월 24일에 유타 주 내에 있는 솔트레이크 계곡에 도착하여 "여기가 바로 그곳이다."라고 외쳤다. 그곳을 탐험한 사람이 옥수수 한 줌도 수확할 수 없는 곳이라고 단언할 정도로 황량한 분지였다.

이곳에 개척자 148명이 첫 거주를 하였고, 그들은 열심히 개척 사업을 전개하였다. 그리고 미국에서 앵글로 색슨들에 의한 최초의 지역 관개 사업을 실시하였다. 1850년에 이후에 유럽에서 이민해 오는 개종자들이 합류하여 교회는 큰 집단을 형성하였다. 그 전에 조지프 스미스 2세가 받은 계시에 따라 1852년에 공식적으로 일부다처제가 약 40년간 시행되었는데 그 기간 동안 교회 회원의 약 3%가 이를 실시하였다. 1857년까지 브리검 영은 7만 5335명의 주민으로 135개의 지역 사회를 솔트레이크 시티와 그 주변에 건설하였다.

브리검 영이 죽은 후 존 테일러(John Tayler)와 윌포드 우드럽(Wilford

Woodruff)이 차례로 회장을 지냈다. 우드럽은 연방 정부의 일부일처제 법률 제정과 더불어 대외적인 반대에 직면하여 1890년 9월 24일에 일부다처제를 폐지한다고 선언했다. 그 후 스펜서 W. 킴볼(Spenser W. Kimball) 회장은 교회에서 축복이 제한되었던 흑인들에 대해 제한을 해제하였다. 1893년 4월 6일 솔트레이크 시티에 38층의 성전을 완공하였고, 현재 세계 여러 나라에서 114개의 성전을 운영하고 있다.

모르몬교의 분포

스미스의 후계자가 된 브리검 영은 1847년 본부를 로키 산맥 너머 유타주 솔트레이크 시티로 옮긴 뒤 30년 동안 교세를 크게 확장하였다. 유타 주는 모르몬교 주로 불릴 만큼 주민의 70% 이상이 모르몬교 신자이며, 솔트레이크 시티를 모르몬교 시라고 칭하고 있다. 아이다호, 애리조나, 캘리포니아 주와 기타 서부의 여러 주에도 상당한 인구의 모르몬교도가 살고 있다. 그리고 전국의 큰 도시에도 많은 수의 교인이 있다.

모르몬교의 성장 속도는 놀라울 정도이다. 1976년 통계로는 교인이 약 300만 명 정도였는데, 3년 후인 1979년 말에는 약 400만 명으로 늘어났다. 우리나라를 비롯한 51개 나라에 1200명이 넘는 선교사를 파송하고 있으며, 매년 18만 명의 신자를 얻고 있다고 한다. 또한 세계 도처에 호텔을 보유하고 있고 컴퓨터 산업 등 거대한 자산을 소유하고 있다. 특히 매리어트 호텔(Marriott Hotel) 그룹을 전 세계 주요 도시에서 운영하고 있으며, 하와이 군도 문화 센터, 생명 보험 회사 등도 운영하고 있다. 모르몬교에서 운영하는 브리검영 대학은 학계와 운동 분야에 널리 알려져 있으며, 그들이 운영하는 모르몬 태버내클 합창단은 불신자들에게도 인정받을 정도로 널리 알려져 있다. 미국의 모르몬교 교인 가운데는 미시간 주지사, 재무장관, 농무

장관 등을 역임한 사람들도 있다.

모르몬교 교인 수가 가장 많은 국가는 미국(569만 1000명)이고 그 다음이 멕시코(104만 4000명), 브라질(92만 9000명), 필리핀(55만 3000명), 칠레(53만 9000명), 페루(41만 6000명), 아르헨티나(34만 8000명), 과테말라(20만 1000명), 캐나다(17만 2000명), 에콰도르(17만 1000명) 등의 순이다.

한국의 모르몬교

스미스가 죽은 후 두 파로 나누어져 포교되어 온 모르몬교는 한국에도 각기 다른 경로를 통하여 전래되었고 서로 별개의 종교 단체로 발전하였다.

말일 성도 예수 그리스도 교회는 미국에서 모르몬교의 신자가 되어 침례를 받고 귀국한 김호직이 1951년 부산에서 6·25 전쟁에 참전한 미군들과 함께 집회를 가지면서 시작되었다. 조직 기구로는 선교부와 교구가 양립되어 있고, 선교부 아래 각 지방부를 두고 교구 아래는 감독구를 둔다. 한국에는 현재 3개의 선교부와 5개의 교구가 있다. 선교부 아래의 지방부로는 서울서 · 서울동 · 중부 · 남부 · 호남 · 미국인 지방부 등 6개가 있으며, 연 2회의 교구 대회를 열고 있다. 산하에 교육 기관으로 신학 연구원(서울 서대문구 창천동)을 운영하고, 정기 간행물인 『성도의 벗』을 발행하고 있다. 미국의 총본부와 긴밀한 관계를 유지하고 있으며, 본부는 서울 종로구 청운동 7번지에 두고 대표자인 선교부장은 하킨스 선교사가 맡고 있다.

복원 예수 그리스도 교회는 1958년 한국 주둔 미국인 함(Wher Ham)에 의하여 전래되었다. 조직 기구로는 한국 선교부 산하의 하부 기관으로 서울과 충남 아산에 지부가 설치되어 있다. 연 1회 성직자 및 일반 신도 대회를 열고 있으며, 미국 복원 예수 그리스도 교회 세계 본부와 긴밀한 협력 관계를 유지하고 있다. 교육 기관으로는 복원 고등 공민학교(서울 서대문구 연희동), 의료 기관으로 매곡 기독 병원(충남 아산군 양정면 매곡리)을 운영하고 있다. 본부는 서울 서대문구 연희동 340-27에 두고 있다.

네바다 주

주도	카슨시티(39.15°N~119.74°W)
주 이름	시에라네바다 산맥에서 유래(에스파냐 어로 네바다는 '눈', 시에라는 '산맥'이라는 뜻)
별명	The Silver State(은의 주)
면적	28만 6352km²
인구	199만 8257명(2000년)
시간대	태평양(서부) 시간대(대한민국 표준시 기준으로 −17시간)
지형	서쪽의 시에라네바다 산맥과 남동쪽의 콜로라도 강 사이에 위치하며, 전체적으로는 대분지 형태로 고원과 산지로 이루어져 있음
기후	대부분의 지역이 연 강수량 500mm 이하의 스텝 기후이며 남부는 사막 기후
경제	최대 산업은 관광 산업이며 구리·텅스텐·금 등의 광산물 풍부, 육우와 양의 방목지가 넓게 나타나며 관개 농업도 이루어짐

아이다호 주

주도	보이시(43.60° N~116.23° W)
주 이름	아메리카 원주민 말로 '산의 보석'이란 뜻의 E Dah Hoe에서 유래
별명	The Gem State(보석의 주)
면적	21만 6456km²
인구	129만 3953명(2000년)
시간대	산악 및 태평양 시간대(대한민국 표준시 기준으로 −16~ −17시간)
지형	로키 산맥의 주맥·지맥이 주의 대부분을 차지하고 있어 평지는 적음
기후	스네이크 강 상류부에 사막 기후가 나타나며 산간 분지는 대체로 건조
경제	주요 산업은 농업 및 목축업, 침엽수의 벌채, 납·은·금· 인광석·아연·구리 생산

워싱턴
몬태나
노스다코타
미네소타
오리건
아이다호
사우스다코타
와이오밍
위스콘신
미시간
뉴햄프셔
버몬트
메인
매사추세츠
네바다
유타
콜로라도
네브래스카
아이오와
일리노이
인디애나
오하이오
펜실베이니아
뉴욕
코네티컷
로드아일랜드
뉴저지
델라웨어
메릴랜드
웨스트버지니아
캘리포니아
캔자스
미주리
켄터키
버지니아
애리조나
뉴멕시코
오클라호마
아칸소
테네시
노스캐롤라이나
미시시피
앨라배마
조지아
사우스캐롤라이나
텍사스
루이지애나
플로리다

그랜드 캐니언 국립공원
●페이지
●윌리엄스
애리조나
●피닉스

애리조나 주

주도   피닉스(33.54°N~112.07°W)

주 이름   피마 족 말로 '작은 샘이 있는 곳'이라는 뜻의 arizonac
         에서 유래

별명   The Grand Canyon State(그랜드 캐니언의 주)

면적   29만 5259km²

인구   513만 632명(2000년)

시간대   산악 시간대(대한민국 표준시 기준으로 −16시간)

지형   북서부에서 남동부에 걸쳐 애리조나 고지가 가로놓이고
         그 북쪽으로 콜로라도 대지와 접함

기후   대부분의 지역이 사막 또는 스텝 기후

경제   광업(구리는 미국 내 생산 1위, 아연·납·은 생산) 및 관
         광업 발달

워싱턴
오리건
몬태나
노스다코타
미네소타
아이다호
사우스다코타
위스콘신
뉴욕
와이오밍
네브래스카
아이오와
일리노이
오하이오
네바다
유타
콜로라도
캔자스
미주리
켄터키
캘리포니아
인디애나
버지니아
테네시
미시시피
앨라배마
조지아
애리조나
뉴멕시코
오클라호마
아칸소
사우스캐롤라이나
노스캐롤라이나
웨스트버지니아
메릴랜드
델라웨어
뉴저지
펜실베이니아
로드아일랜드
코네티컷
매사추세츠
메인
버몬트
뉴햄프셔
플로리다
루이지애나
텍사스
미시간

● 옐로스톤 국립공원
● 그랜드티턴 국립공원
● 잭슨홀
와이오밍
●샤이엔

와이오밍 주

주도	샤이엔(41.15°N~104.80°W)
주 이름	알곤킨 족의 말로 '대평원'이라는 뜻의 말에서 유래
별명	The Equality State(평등의 주)
면적	25만 3324km²
인구	49만 3782명(2000년)
시간대	산악 시간대(대한민국 표준시 기준으로 −16시간)
지형	로키 산맥의 주맥 및 지맥이 남북 방향으로 뻗어 있으며, 미시시피 · 콜로라도 · 컬럼비아 강의 3수계로 나뉨
기후	산지에는 숲이 우거져 있으나 고원은 스텝 기후
경제	주요 산업은 광업과 농업이나 공업 발달은 더딘 편, 옐로스톤 국립공원 · 그랜드티턴 국립공원 등이 서부에 있어 관광업 발전

유타 주

주도   솔트레이크 시티(40.78°N~111.93°W)

주 이름   '산사람들'이라는 우테 족의 이름에서 유래

별명   The Beehive State(벌집의 주)

면적   21만 9887km²

인구   223만 3169명(2000년)

시간대   산악 시간대(대한민국 표준시 기준으로 −16시간)

지형   서부는 그레이트베이슨 분지, 중부는 워새치 산맥, 동
         부는 콜로라도 고원이 속하여 산지와 고원이 많으며
         내륙 하천이 발달

기후   건조 기후

경제   최대 산업은 공업이며, 브라이스 캐니언·캐니언랜
         즈·자이언 국립공원 등이 있어 오락·스포츠 등 휴
         양지로 발달

캘리포니아 주

주도
: 새크라멘토(38.55°N~121.43°W)

주 이름
: 에스파냐의 몬탈보가 쓴 애정 소설에 나오는 황금으로 가득 찬 낙원과 같은 섬의 이름인 Califia에서 유래

별명
: The Golden State(황금의 주)

면적
: 41만 1047km²

인구
: 3387만 1648명(2000년)

시간대
: 태평양(서부) 시간대(대한민국 표준시 기준으로 −17시간)

지형
: 동쪽에 시에라네바다 산맥이, 서쪽에는 코스트 산맥이 나란히 뻗어 있고, 그 사이에 캘리포니아 분지 발달

기후
: 북부는 서안 해양성 기후, 중부에서 남부 해안은 지중해성 기후, 남부 내륙은 사막 기후

경제
: 미국 제1의 농업주로 농업 발달, 항공 · 미사일 공업 및 냉동 · 통조림 공업 등 발달

대표 저자 소개

> 호기심 천국 이진숙 선생님
> 그녀가 있는 곳엔 미션이 있다.
> 긴장하라, 지리누리!

이진숙_주례여자고등학교 교사(교육 경력 19년차)

> 무슨 일이든 맡겨만 달라.
> 해내고야 마는 그녀
> 김금희 선생님

김금희_지산고등학교 교사(교육 경력 21년차)

66

편집의 여왕 이미영 선생님

덤벼 봐, 다 다듬어 줄 테니!

99

이미영_학산여자고등학교 교사(교육 경력 8년차)

66

과대 포장의 카피라이터

이화영 선생님

행동에도 글에도 감정이 실린다. 마구 마구…….

99

이화영_경남여자고등학교 교사(교육 경력 8년차)

지리 교사들, 미국 서부를 가다

1판 1쇄 발행 | 2007. 6. 1
1판 3쇄 발행 | 2012. 1. 5

지 은 이 | 전국지리교사모임 지리누리
펴 낸 이 | 김선기
펴 낸 곳 | (주)푸른길
본문디자인 | 鮮HD

출판등록 | 1996년 4월 12일 제16-1292호
주   소 | (137-060) 서울시 서초구 방배동 1001-9 우진빌딩 3층
전   화 | 02-523-2009
팩   스 | 02-523-2951
이 메 일 | pur456@kornet.net
홈페이지 | www.purungil.co.kr

ISBN 978-89-87691-81-7 03980